... ÉLÉMENTAIRE

A. HAU...

...E ÉDITION

30292

ARITHMÉTIQUE

A L'USAGE DES CLASSES ÉLÉMENTAIRES

ARITHMÉTIQUE

A L'USAGE

DES CLASSES ÉLÉMENTAIRES

Composée sur un plan tout à fait nouveau

par MM.

PH. ANDRÉ	A. HAILLECOURT
Auteur de divers ouvrages classiques.	Agrégé et Inspecteur de l'Université, ancien élève de l'École normale supérieure.

TROISIÈME ÉDITION REVUE ET CORRIGÉE

Ouvrage honoré d'une souscription de Son Excellence M. le Ministre
de l'Agriculture et du Commerce

PARIS

LIBRAIRIE CLASSIQUE DE ANDRÉ-GUÉDON, ÉDITEUR

Successeur de Mme Vve THIÉRIOT

15, RUE SÉGUIER, 15

1872

ARITHMÉTIQUE ÉLÉMENTAIRE

CHAPITRE I

1. Grandeur ou quantité. *On appelle grandeur ou quantité tout ce que l'on peut compter ou mesurer.*

Ainsi on peut compter les pommes qu'il y a dans un tas, les moutons qu'il y a dans un troupeau ; on peut mesurer la longueur d'un banc, l'eau contenue dans un vase : alors le tas de pommes, le troupeau de moutons, la longueur du banc, l'eau du vase sont des grandeurs ou quantités.

2. Compter. Tout le monde sait ce que l'on entend par compter : c'est dire *un, deux, trois,* etc.

3. Mesurer. Mesurer une grandeur, c'est la déterminer exactement, au moyen d'une autre grandeur connue, et de même espèce qu'on appelle *unité.*

On ne se fait une idée exacte d'une grandeur qu'en la comptant ou en la mesurant. Ainsi ce n'est qu'après avoir compté les arbres d'un verger, qu'on sait combien il y en a · de même, ce n'est qu'après avoir mesuré une règle qu'on en connaît la longueur.

4. Unité. *L'unité est une grandeur connue, avec laquelle on compte ou mesure les grandeurs de même espèce.*

Le mètre, par exemple, est une unité parce que c'est une longueur connue, qui sert à mesurer d'autres grandeurs de même espèce, comme la longueur d'une salle, d'un tableau ; la hauteur d'un arbre ; la largeur d'une allée, etc.

Remarque I. Pour certaines grandeurs, on peut prendre une unité à son choix ; mais pour d'autres il n'en est pas de même. Dans un groupe d'arbres par exemple, ce sera l'arbre, et pas autre chose, qui servira d'unité ; s'agit-il au contraire de la longueur d'un mur ou d'un fossé, on pourrait prendre pour unité toute longueur connue, mais en réalité on n'emploie que le mètre, qui a seul le double avantage d'être familier à tous et d'être reconnu par la Loi.

Remarque II. Les mots compter et mesurer s'appliquent également bien à certaines grandeurs : ainsi l'on compte et l'on mesure des pommes, des noix, etc.

5. Nombre. *On appelle nombre le résultat que l'on obtient en comptant ou en mesurant.*

Vous comptez cinq doigts à chacune de vos mains, *cinq* est un *nombre.* Vous mesurez un banc, vous trouvez qu'il a quatre mètres de long, *quatre* est un *nombre.*

6. Il y a trois espèces de nombres : le *nombre entier,* la *fraction* et le *nombre fractionnaire.*

7. Nombre entier. *On appelle nombre entier celui qui renferme une ou plusieurs unités entières :* un, trois; cinq personnes, huit mètres sont des nombres entiers.

Nous parlerons plus loin des fractions et des nombres fractionnaires.

8. Arithmétique. *L'arithmétique est une science qui apprend à résoudre les principales questions relatives aux nombres.*

Ainsi, c'est l'arithmétique qui apprend à la fermière à calculer la quantité de beurre, de fromage, d'œufs qu'elle vend dans une année; au cultivateur à calculer ce qu'il récolte de blé, d'orge, d'avoine, de foin, etc. Si les boulangers et les bouchers connaissent la quantité de pain et de viande qu'ils vendent dans une semaine, dans un mois, c'est l'arithmétique qui leur enseigne à la trouver.

NUMÉRATION

9. Définition. *On appelle numération la partie de l'arithmétique qui apprend : 1° à nommer les nombres; 2° à les écrire.*

10. Numération parlée. *La numération parlée enseigne à nommer les nombres.*

Ainsi, apprendre les noms des nombres, tels que un, deux, trois, quatre, cinq,... dix,... vingt,... cent, etc., voilà le but de la numération parlée. Nous ne dirons rien des noms des nombres, les enfants devant les connaître lorsqu'ils commencent à étudier l'arithmétique.

11. Composition d'un nombre. Tout nombre peut se composer d'unités, de dizaines, de centaines d'unités simples; d'unités, de dizaines et de centaines de mille; d'unités, de dizaines et de centaines de millions; d'unités, de dizaines et de centaines de billions, etc.

12. Unités principales. On nomme unités principales, les unités simples, les unités de mille, les unités de million, etc., parce qu'on compte les unités simples par unités, dizaines et centaines; les mille par unités, dizaines et centaines, etc.

13. Classes. On appelle classe la réunion des unités, des dizaines et des centaines de chaque unité principale. La première classe est celle des unités simples, la deuxième celle des mille, la troisième celle des millions, etc.

14. Ordres. Les unités simples sont du premier ordre, les dizaines du deuxième, les centaines du troisième, les mille du quatrième, etc.

15. Le tableau suivant résume la numération parlée.

4ᵉ Classe DES BILLIONS	3ᵉ Classe DES MILLIONS	2ᵉ Classe DES MILLE	1ʳᵉ Classe DES UNITÉS SIMPLES
		5ᵉ Ordre 4ᵉ Ordre	3ᵉ Ordre 2ᵉ Ordre 1ᵉʳ Ordre
C D U	C D U	C D U	C D U

U signifie unité; D, dizaine; C, centaine.

16. Loi fondamentale de la numération.
Il faut dix unités simples pour faire une dizaine, dix dizaines pour faire une centaine, dix centaines pour faire une unité de mille, etc. *La loi fondamentale de la numération est donc celle-ci : Dix unités d'un ordre quelconque forment une unité de l'ordre immédiatement supérieur. Il ne peut par conséquent y avoir plus de neuf unités dans chaque ordre.*

Questionnaire. *Qu'est-ce que la numération? — Qu'est-ce que la numération parlée? — De quoi se compose un nombre quelconque? — Qu'appelle-t-on unités principales? — Qu'est-ce qu'une classe? — Citez les quatre premières classes? — Nommez les unités des divers ordres du premier au huitième? — Faites connaître le tableau qui résume la numération parlée? — Quelle est la loi fondamentale de la numération?*

Exercices

1. Comptez de **un à dix**, — de dix à cent par dizaines, — de cent à mille par centaines.

2. Nommez les nombres entre dix et vingt, — entre trente et quarante. — entre soixante et quatre-vingts.

3. Combien d'unités dans une dizaine, — de dizaines dans une centaine, — de centaines dans un mille ?

4. Combien d'unités dans une dizaine de mille, — dans une dizaine de millions?

5. Combien de dizaines dans trente, — cinquante, — quatre-vingts?

6. Dans dix-sept, — dans quarante-huit, — dans soixante-onze, — combien de dizaines et d'unités ?

7. Dans trois cent vingt-quatre, combien de centaines, de dizaines et d'unités?

8. Dans **quatre cent neuf**, combien de centaines, de dizaines et d'unités?

9. Dans trois mille cinq, combien de mille, de centaines, de dizaines et d'unités?

10. Nommez les unités du 1er ordre, — du 4e, — du 7e.

11. A quelle classe appartiennent les unités du 5e ordre, — du 7e, — du 9e?

12. Quel est l'ordre des dizaines d'unités simples, — des centaines de mille, — des dizaines de millions? A quelles classes appartiennent ces unités ?

Numération écrite

17. Définition. *La numération écrite a pour but de représenter tous les nombres à l'aide des dix caractères ou chiffres suivants :*

$$1 \quad 2 \quad 3 \quad 4 \quad 5 \quad 6 \quad 7 \quad 8 \quad 9 \quad 0$$

appelés : un, deux, trois, quatre, cinq, six, sept, huit, neuf, zéro.

18. Convention pour écrire les nombres entiers. *On est convenu de placer les unités d'un nombre à la droite, les dizaines à gauche des unités, les centaines à gauche des dizaines, les unités de mille à gauche des centaines, et ainsi de suite.*

Chaque ordre contient au plus neuf unités (nᵒ **16**); par conséquent les neuf premiers chiffres peuvent servir à représenter toutes les unités contenues dans chaque ordre.

19. Du zéro. Il peut arriver qu'une unité d'un certain ordre manque dans un nombre, alors on la remplace par un zéro. Le zéro est donc un chiffre qui n'a aucune valeur par lui-même, il sert seulement, dans l'écriture d'un nombre, à remplacer les ordres manquants et par conséquent à faire occuper à chaque chiffre le rang qui lui convient.

20. Règle générale pour écrire un nombre. *On écrit d'abord la classe des plus hautes unités, et successivement les autres classes, comme si chacune d'elles était seule. La classe à gauche, c'est-à-dire celle des plus hautes unités, peut n'avoir qu'un ou deux chiffres; mais toutes les autres, énoncées ou non, doivent en avoir trois. Le zéro servira à remplacer les ordres, et même les classes, qui pourraient manquer.*

Pour appliquer cette règle à l'écriture des nombres, employons le tableau déjà connu :

1° SEIZE, ou 1 dizaine et 6 unités. On écrit 1 au rang des dizaines et 6 à celui des unités : ce qui donne une dizaine, ou dix unités, plus six unités, en tout seize unités.

2° SOIXANTE-DIX. Dans soixante-dix, il y a sept dizaines sans unité. On écrit 7 au rang des dizaines et 0 au rang des unités : ce qui donne sept dizaines sans unité, en tout soixante-dix unités.

3° SIX CENT NEUF, ou six centaines (pas de dizaine) et neuf unités. On écrit 6 au rang des centaines, 0 au rang des dizaines et 9 à celui des unités, ce qui donne six centaines ou six cents, plus neuf unités, en tout six cent neuf unités.

5° CINQUANTE-HUIT MILLE TROIS CENT SIX, ou cinq dizaines de mille, huit unités de mille, trois centaines (pas de dizaine) et six unités. On écrit 5 au rang des dizaines de mille, 8 au rang des mille, 3 au rang des centaines, 0 au rang des dizaines, 6 à celui des unités.

5° TRENTE-QUATRE BILLIONS, SOIXANTE-TROIS MILLIONS SIX CENT NEUF. On écrit d'abord les billions, 34 ; le nombre des millions est 63, on écrit 063 ; la classe des mille manque entièrement, on écrit 000 ; enfin on écrit le nombre des unités simples, 609.

4ᵉ Classe DES BILLONS			3ᵉ Classe DES MILLIONS			2ᵉ Classe DES MILLE			1ʳᵉ Classe DES UNITÉS SIMPLES		
C	D	U	C	D	U	C	D	U	C	D	U
1°										1	6
2°										7	0
3°									6	0	9
4°							5	8	3	0	6
5°	3	4		0	6	3	0	0	0	6	0	9

21. Règle pour lire un nombre. *Les classes sont ordinairement séparées les unes des autres par de petits intervalles. S'il n'en est pas ainsi, on les sépare par des points. Puis on les énonce successivement en commençant par la plus haute.*

Ex. I. 5 624. Lisez, cinq mille six cent vingt-quatre.
Ex. II. 68 309. Lisez, soixante-huit mille trois cent neuf.
Ex. III. 109 620. Lisez, cent neuf mille six cent vingt.
Ex. IV. 300 004. Lisez, trois cent mille quatre.
Ex. V. 1 628 005. Lisez, un million six cent vingt-huit mille cinq.
Ex. VI. 538 000 028. Lisez, cinq cent trente-huit millions vingt-huit.

22. Valeurs d'un chiffre. Tout chiffre a deux valeurs, l'une *absolue* et l'autre *relative*. La *valeur absolue* d'un chiffre est celle qu'il a si on le considère seul, et la *valeur relative* celle qu'il a d'après la place qu'il occupe dans le nombre. Ainsi, dans 4 738, la valeur absolue du premier chiffre à gauche est quatre, ou 4, et sa valeur relative est quatre mille, ou 4 000.

23. Remarque. Notre numération est appelée décimale parce que les nombres sont formés d'unités de dix en dix fois plus grandes, parce qu'on y emploie dix caractères ou chiffres pour représenter tous les nombres possibles.

24. Rendre un nombre entier 10, 100, 1000... fois plus grand ou plus petit. 1° *On rend un nombre entier 10, 100, 1000 ... fois plus grand en plaçant 1, 2, 3 ... zéros sur sa droite.*

Soit le nombre 47. En plaçant 2 zéros sur sa droite on a 4 700. Ce second nombre est 100 fois plus grand que 47, car il contient 47 centaines, qui valent 100 fois 47 unités.

2° *On rend un nombre entier, terminé par des zéros, 10, 100, 1000... fois plus petit en effaçant 1, 2, 3 ... zéros sur sa droite.*

Soit 89 700. En effaçant un zéro, on a 8 970. Ce second nombre est dix fois plus petit que le premier. On démontre comme plus haut.

Questionnaire. *Quel est le but de la numération écrite? — Quelle est la convention que l'on a faite pour écrire les nombres entiers? Comment les neuf premiers chiffres peuvent-ils servir à représenter tous les nombres? — Qu'est-ce que le zéro? — Donnez la règle pour écrire un nombre? — Faites connaître le tableau qui sert à écrire les nombres? — Donnez la règle pour lire un nombre écrit. — Dites ce que l'on entend par valeur absolue et valeur relative d'un chiffre. — Comment s'appelle la numération dont nous faisons usage? — Comment rend-on un nombre entier 10, 100, 1000 ... fois plus grand ou plus petit?*

Exercices

13 Quel ordre d'unité représente le 5e chiffre, — le 7e, — le 11e en allant de droite à gauche?

14 Dans un nombre de sept chiffres que représente le 2e, — le 5e, — le 6e, en partant de la gauche?

A écrire en chiffres.

15 Combien de jours dans une semaine, — d'heures dans un jour, — de minutes dans une heure?

16 Combien de mois, — de semaines, — de jours dans une année? — d'années dans un siècle?

17 Février a ..... ou ... jours; les autres mois ont ... ou ... jours.

18 Cinquante-deux; cent quatorze; deux cent neuf; trois mille cent trente-cinq; quatre mille quatre.

19 Six mille trois cents; vingt-deux mille six cent trente-sept; trente-neuf mille; quarante mille trois.

20 Quatre-vingt-trois mille six cent trente-sept; quatre-vingt mille vingt-quatre; cent quatre mille huit cent vingt-neuf.

21 Population des dix villes les plus considérables de France : *Strasbourg*, quatre-vingt-quatre mille cent soixante-sept habitants; *Saint-Etienne*, quatre-vingt-seize mille six cent vingt; *Rouen*, cent mille six cent soixante-onze; *Nantes*, cent onze mille neuf cent cinquante-six; *Toulouse*, cent vingt-six mille neuf cent trente-six; *Lille*, cent cinquante-quatre mille sept cent quarante-sept; *Bordeaux*, cent quatre-vingt-quatorze mille deux cent quarante-un; *Marseille*, trois cent mille cent trente-un; *Lyon*, trois cent vingt-trois mille neuf cent cinquante-quatre; *Paris*, un million huit cent vingt-cinq mille deux cent soixante-quatorze.

A lire ou à écrire en toutes lettres

22 — 1300 environ, usage de la poudre.

23 — 1436 à 1455, invention de l'imprimerie par Guttemberg.

24 — 1492, découverte de l'Amérique par Christophe Colomb.

25 — 1519, Magellan entreprend le premier voyage autour du monde.

26 — 1619 à 1628, Harvey, médecin anglais, découvre la circulation du sang.

27 — 1662, mort de St-Vincent de Paul, fondateur de l'Institut des Sœurs de charité.

28 — 1758, invention du paratonnerre par Franklin.

29 — 1760, ouverture à Paris de la première école pour les sourds-muets, par l'abbé de l'Epée.

30 — 1801, Philippe Lebon invente l'éclairage au gaz.

31 — 1818, première caisse d'épargne établie en France.

32 — 1820, Ampère pose le principe de la télégraphie électrique.

33 — 1824 à 1839, invention de la photographie, par Niepce de St-Victor et Daguerre.

34 — 1830, on voit pour la première fois (15 septembre) un convoi de voyageurs sur le chemin de fer de Manchester à Liverpool (Angleterre).

35 — 1844, Etablissement en France des premiers télégraphes électriques.

36 *Statistique.* On compte en France 89 départements; 373 arrondissements; 2 938 cantons; 37 519 communes et 38 067 064 habitants.

37 Il y a en France environ 3 000 290 chevaux; 370 160 ânes et ânesses; 395 930 mules et mulets; 10 047 990 bêtes bovines; 34 351 250 moutons; 1 329 980 boucs et chèvres; 5 250 300 porcs; 213 230 chiens.

38 Quelle est la valeur absolue et relative du chiffre 3 dans 5 312?

39 Dites la valeur relative de chacun des chiffres du nombre 704 503.

40 Rendez 100 fois plus grand le nombre 6 582. Expliquez.

41 Rendez 100 fois plus petit le nombre 65 000. Expliquez.

42 Combien l'unité de million vaut-elle de dizaines de mille, — de centaines, — de dizaines d'unités?

CHAPITRE II

OPÉRATIONS FONDAMENTALES DE L'ARITHMÉTIQUE

25. Les quatre opérations fondamentales de l'arithmétique sont : l'*addition*, la *soustraction*, la *multiplication* et la *division*. On les appelle fondamentales, parce que toutes les autres n'en sont que des combinaisons.

ADDITION
Exercices préparatoires

26. *a.* Comptez de 1 à 100.

b. Comptez de 10 en 10, à partir de 0, — de 1, — de 2, — de 3, — de 4,... de 9.

c. Comptez de 2 en 2 à partir de 0, — de 1.

d. Comptez de 3 en 3 à partir de 0, — de 1, — de 2.

e. Comptez de 4 en 4 à partir de 0,— de 2, — de 3.

f. Comptez de même de 5 en 5, de 6 en 6, de 7 en 7, de 8 en 8, de 9 en 9 (cinq exercices).

g. A un nombre terminé par 0 comme 0, 10, 20, 30,..... ajoutez successivement les neuf premiers nombres.

h. A un nombre terminé par 1, comme 1, 11, 21, 31,.... ajoutez successivement les 9 premiers nombres.

i. A un nombre terminé par 2 comme 2, 12, 22, 32,.... ajoutez successivement les 9 premiers nombres.

j. **A un** nombre terminé par 3, comme 3, 13, 23, 33,... ajoutez successivement les 9 premiers nombres.

k. Ajoutez de même aux nombres terminés par 4, par 5, par 6, par 7, par 8 et par 9, successivement les 9 premiers nombres (six exercices).

27. Définition. *L'addition est une opération qui a pour but de réunir plusieurs nombres en un seul appelé somme ou total.*

28. Signe. Le signe de l'addition est $+$, qu'on énonce *plus*. Ainsi $9+4+3$ se lit : 9 plus 4 plus 3.

29. Règle. *Pour faire une addition, on écrit les nombres donnés les uns sous les autres, de manière que les unités soient sous les unités, les dizaines sous les dizaines, les centaines sous les centaines, etc.; puis on tire un trait au-dessous du dernier pour le séparer du résultat. Commençant par la droite, on fait la somme des chiffres de la première colonne. On écrit les unités simples au-dessous en retenant les dizaines pour les ajouter, comme autant d'unités, à la seconde colonne. On opère de même sur toutes les autres colonnes jusqu'à la dernière à gauche, au-dessous de laquelle on écrit la somme telle qu'on la trouve.*

Observation sur les retenues. On ne retient rien de 1 à 10; on retient 1 de 10 à 20, 2 de 20 à 30, 3 de 30 à 40,... 10 de 100 à 110, 11 de 110 à 120, 12 de 120 à 130. *En résumé,* pour une somme d'un seul chiffre, on ne retient rien; pour une de deux, on retient celui de gauche; pour une de trois, les deux de gauche, etc.

Exemple I. Additionner les nombres 3 214, 1 461, 2 113, 201.

$$
\begin{array}{r}
3\ 214 \\
1\ 461 \\
2\ 113 \\
201 \\
\hline
6\ 989
\end{array}
$$

Les nombres étant placés comme l'indique la règle, on pourrait dire : 4 unités et 1 font 5; 5 et 3 font 8; 8 et 1 font 9; j'écris 9. (Passant à la colonne des dizaines): 1 dizaine et 6 font 7; 7 et 1 font 8; j'écris 8. (Passant à la colonne des centaines): 2 centaines et 4 font 6; 6 et 1 font 7; 7 et 2 font 9; j'écris 9. (Passant à la colonne des mille): 3 mille et 1 font

1.

4; 4 et 2 font 6 que j'écris. Mais dans la pratique on dit simplement : 4 et 1, 5, et 3, 8, et 1, 9, j'écris 9; 1 et 6, 7, et 1, 8, j'écris 8; 2 et 4, 6, et 1, 7, et 2, 9, j'écris 9; 3 et 1, 4, et 2, 6 que j'écris.

Exemple II. Additionner les nombres 8 635, 7 598, 164 67.

$$
\begin{array}{r}
8\ 635 \\
7\ 598 \\
164 \\
67 \\
\hline
16\ 464
\end{array}
$$

On pourrait dire : 5 unités et 8 font 13; 13 et 4 font 17; 17 et 7 font 24; en 24 unités il y a 4 unités que j'écris et 2 dizaines que je retiens. 2 dizaines retenues et 3 font 5; 5 et 9 font 14; 14 et 6 font 20; 20 et 6 font 26; en 26 dizaines il y a 6 dizaines que j'écris et 2 centaines que je retiens. 2 centaines retenues et 6 font 8; 8 et 5 font 13; 13 et 1 font 14; en 14 centaines il y a 4 centaines que j'écris et 1 mille que je retiens. 1 mille de retenue et 8 font 9; 9 et 7 font 16 que j'écris. Mais dans la pratique on dit : 5 et 8, 13, et 4, 17, et 7, 24, j'écris 4 et retiens 2; 2 et 3, 5, et 9, 14, et 6, 20, et 6, 26, j'écris 6 et retiens 2; 2 et 6, 8, et 5, 13, et 1, 14, j'écris 4 et retiens 1; 1 et 8, 9, et 7, 16 que j'écris.

Exemple III. Recettes faites dans un magasin en un mois.

234 fr.	Report	1 852 fr.	Report	3 770 fr.
329		347		198
97		180		309
124		128		211
453		154		519
168		188		437
107		160		218
219		523		313
121		238		419
1 852		3 770	Total général	6 394 fr.

30. Preuve. Quand on vient de faire une opération, il est bon de vérifier, autant que possible, l'exactitude du résultat. Pour cela on fait la *preuve*. On appelle donc preuve d'une opération, une seconde opération que l'on fait pour s'assurer de l'exactitude de la première.

3E. Preuve de l'addition. Pour faire la preuve de l'addition, on recommence l'opération dans un ordre différent. Si, par exemple, l'addition a été faite en comptant de haut en bas, on la fera de bas en haut ; et si, dans les deux cas, le résultat est le même, on en conclut que l'opération a été bien faite.

Ainsi pour la preuve (Ex. II.) on dira : 7 et 4, 11, et 8, 19, et 5, 24, j'écris 4 et retiens 2 ; 2 et 6, 8, et 6, 14, etc.

32. Usages de l'addition. Les usages de l'addition sont très-nombreux. C'est une addition qu'il faut faire toutes les fois qu'on doit répondre à une question de cette nature : combien a-t-on reçu, combien a-t-on gagné, combien a-t-on dépensé ; quelle longueur, quel poids, etc., en tout?

33. Remarque. On ne peut additionner des nombres qu'autant que l'unité est la même pour tous ; par exemple on n'additionne pas deux nombres dont l'un exprime des litres et l'autre des francs. Cependant on peut dire que 7 pêches et 5 pommes font 12 *fruits*, parce que les pêches et les pommes sont des fruits.

Questionnaire. Qu'est-ce que l'addition ? — Quel est le signe de l'addition ? — Énoncez la règle pour faire une addition ? — Que retient-on de 1 à 10, — de 10 à 20, — de 50 à 60, — de 90 à 100, — de 120 à 150 ? — Qu'entend-on par preuve d'une opération ? — Comment se fait la preuve de l'addition ? — Quand doit-on employer l'addition ? — Peut-on additionner des nombres qui expriment des unités différentes ?

Exercices

		Total.
43.	Pommes, 9+18+7+13+9+28+49	—
44.	Poires, 12+45+26+103+58+129+6+19	—
45.	Prunes, 108+94+15+19+34+29+188	—
46.	Pêches, 47+34+128+139+204+39+84+5	—
47.	Abricots, 38+29+2+91+8+47+139+127	—
48.	Mètres de toile, 134+87+136+71+128+9+37+98+5	—
49.	Mètres de calicot, 207+84+29+37+172+109+27+49	—
50.	Mètres de drap, 89+38+24+16+9+29+18+37+55	—
51.	Litres d'eau, 1837+2709+1304+8+609+1507+1003+47	—
52.	Litres de vin rouge, 2347+1048+37+4305+3291+347+6	—
53.	Litres de vin blanc, 640+1308+158+547+390+428+16	—
54.	Litres d'huile, 48+1349+1560+803+528+39+17	—
55.	Litres de froment, 1280+1790+130+640+5750+3000	—
56.	Litres de seigle, 640+780+320+530+600+290	—
57.	Litres d'avoine, 2630+4090+580+6070+5040+2000	—
58.	Litres d'orge, 150+1800+3040+520+1090+50	—
59.	Litres de bière, 650+2048+537+3248+301+428	—
60.	Chevaux, 19+47+124+1340+129+559	—
61.	Bœufs, 39+124+137+1415+829+734+289+5	—
62.	Vaches, 171+134+247+138+547+835+763+2	—
63.	Veaux, 188+205+639+147+238+545+620	—
64.	Kilos de pain, 2050+14+3095+560+405+3054+1564	—
65.	Kilos de viande, 5347+18+137+5654+28+7+940	—

		Total.
66.	Kilos de sucre. 854+5+119+4358+139+428+307	—
67.	Kilos de bois. 5830+509+628+535+47+281+109	—
68.	Kilos de houille. 1648+62350+132+892+92+7830	—
69.	Maçons. 18+34+128+207+19+342+508	—
70.	Charpentiers. 46+28+130+98+27+12+128+69	—
71.	Menuisiers. 138+47+59+65+38+47+18+54	—
72.	Cavaliers. 1390+500+327+65+38+47+18+54	—
73.	Fantassins. 26781+15738+309+6742+5639+7648	—
74.	Couteliers. 234+47+623+19+28+30+15	—
75.	Maréchaux. 124+17+38+121+49+218+7	—
76.	Serruriers. 19+37+28+149+124+128+9	—
77.	Tonneliers. 48+27+122+3+154+19+108+84	—
78.	Charrons. 157+105+12+49+28+156+19+2+106	—
79.	Cordonniers. 17+132+15+147+850+130+12+228	—
80.	Sabotiers. 136+108+428+117+135+742+830+2	—
81.	Francs. 1367+5345+1004+9893+46745+3430	—

Nota. L'élève cherchera les réponses aux questions sui‑
vantes (de 82 à 102) dans les exercices de 43 à 81.

82 Combien de fruits à pépins ? 83. — à noyau ?
84 Combien de fruits en tout? 85. — de mètres d'étoffe en tout ?
86 Combien de litres de vin? 87. — de litres d'autres liquides?
88 Combien de litres de liquides en tout ? 89. — de litres de céréales!
90 Combien de litres en tout ?
91 Combien d'animaux servant habituellement aux travaux des champs ?
92 — d'animaux servant généralement à la nourriture de l'homme?
93 Combien d'animaux en tout?
94 Combien de kilos de substances servant à la nourriture de l'homme ?
95 —de kilos de substances servant au chauffage ? 96.—de kilos en tout ?
97 Combien d'ouvriers travaillant le bois? 98. — d'ouvriers travaillant
les métaux? 99. — d'ouvriers faisant des chaussures ? 100. — d'ouvriers
en tout? 101. — de soldats? 102 — d'hommes en tout?

103 Un homme a gagné 24 fr. dans sa semaine, sa femme 16 fr. et leur
fils 12 fr. : combien ont-ils gagné en tout ?
104 Calculer le nombre de jours des quatre premiers mois de l'année.
105 On compte dans un verger 120 pommiers, 55 poiriers, 32 pruniers,
18 cerisiers, 8 noyers, 4 cognassiers et 3 néfliers : combien d'arbres
dans ce verger ?
106 On gagne 29 fr. sur un cheval acheté 532 fr. Dire le prix de vente?
107 Louis XIV né en 1738, monta sur le trône à l'âge de 5 ans et ré‑
gna 72 ans : en quelle année mourut-il ?
108 Rome a été fondée 753 ans avant J.-C.: combien d'années depuis
sa fondation ?
109 Six maçons qui ont construit une maison y ont employé : le 1er 70 jour‑
nées, le 2e 57, le 3e 84, le 4e 65, le 5e 103 et le 6e 75 : combien de jour‑
nées a-t-il fallu pour cette construction ?
110 Une famille dépense par an 688 fr. pour le pain et le vin, 209 fr. pour
les vêtements et 197 fr. pour objets divers : dites sa dépense totale ?
111 Les meilleures betteraves pour la fabrication du sucre sont la
betterave blanche de Silésie et la betterave jaune de France. Dans de

bons terrains ces deux espèces donnent de 30 à 50 mille kilos par hectare. Un fermier qui avait 4 champs d'environ 1 hectare chacun plantés en betteraves, a vendu sa récolte à un fabricant de sucre.

	Poids des betteraves.	Poids du sucre obtenu.
1°	39 965^{kg}	2 296^{kg}
2°	41 837	2 481
3°	43 042	2 504
4°	40 928	2 399
	Total	Total

112. Un propriétaire a vendu du foin à 4 personnes ; la 1re a eu 80 bottes de 10 kg. pour 56 fr., la 2e 130 pour 91 fr., la 3e 45 pour 31 fr. et la 4e 20 pour 14 fr. : combien de bottes, — de kg. vendus, et combien à recevoir ? Dressez le compte, comme au problème précédent.

113. La superficie d'une ferme est divisée de la manière suivante : 24 hectares de terres labourables valant 50 800 fr., 3 de vignes valant 6 350 fr., 7 de prairies valant 20 490 fr., 2 de bois estimés 2 060 fr., 1 pour la maison et le jardin valant 9 800 fr. : on demande la contenance de la ferme et sa valeur (exercice 111).

114. On achète un cheval 540 fr., une vache 160 fr., un porc 90 fr. et un mouton 30 fr. : combien faut-il de pièces de 10 fr. pour payer chacun de ces animaux, — combien en tout ?

115. Une fermière a vendu une première semaine des œufs pour 12 fr., des volailles pour 17 fr. et du beurre pour 29 fr. ; la semaine suivante, des œufs pour 11 fr. et du beurre pour 34 fr. : combien pendant ce temps a-t-elle reçu : 1° pour les œufs, — 2° pour les volailles, — 3° pour le beurre, — 4° pour le tout ?

116. Une ferme a été achetée 28 730 fr. ; grâce aux soins intelligents du nouveau propriétaire, le sol a reçu une amélioration qu'on peut estimer à 2 000 fr. ; l'augmentation de l'outillage et du bétail est comptée 3 820 fr. ; on a fait des constructions nouvelles pour 3 570 fr. ; la plus-value provenant de l'établissement d'une gare à proximité est évaluée à 1 900 fr. : à combien peut-on estimer la valeur actuelle de la ferme ?

117.   VENTE D'UN PÉPINIÉRISTE

	Pommiers	Poiriers	Cerisiers	Noyers	Pêchers	Abricotiers	Totaux par jour
Lundi.	11	9	8	7	20	6	
Mardi.	17	12	24	22	25	12	
Mercredi	13	11	17	18	11	9	
Jeudi.	28	15	21	14	9	18	
Vendredi	15	6	20	10	14	16	
Samedi.	26	13	16	13	19	8	
TOTAUX de la semaine							

118. Décomposez 100 en deux nombres terminés par 0, — en deux nombres terminés par 5.

Solution.

	On a d'un côté	et de l'autre.
	10+90=100	5+95=100
	20+80=100	15+85=100
	30+70=100	25+75=100
	40+60=100	35+65=100
	50+50=100	45+55=100

Calcul mental

34. On appelle ainsi le calcul que l'on fait *de tête* sans rien écrire. Il est généralement plus rapide que le calcul écrit, et comme d'ailleurs on n'a pas constamment un crayon ou une plume à sa disposition, son utilité devient incontestable. Ce calcul ne se fait point comme le calcul écrit, mais il suffit de quelques exemples et d'un peu d'attention pour en comprendre le mécanisme. Nous donnerons d'ailleurs quelques règles qu'on pourra appliquer selon les cas.

1° *On ajoute au premier nombre les plus hautes unités du second et ensuite les unités des ordres inférieurs.*

Ex. Trouver la somme des nombres 25, 14 et 18. On dira : 25 et 10, 35, et 4, 39. Il s'agit maintenant d'additionner 39 et 18. On dira : 39 et 10, 49, et 8, 57.

2° *On change, s'il y a avantage, l'ordre des nombres à ajouter.*

Ex. I. Trouver la somme des nombres 25, 32 et 5.

On dira : 25 et 5, 30, et 32, 62.

Ex. II. Trouver la somme des nombres 35, 48 et 65.

On dira : 35 et 65, 100, et 48, 148.

3° *On ramène un ou plusieurs des nombres donnés à exprimer des dizaines ou des centaines.*

Ex. I. Trouver la somme des nombres 28 et 33.

Cette somme est évidemment la même que celle des nombres 30 et 31 ; on dira donc : 30 et 31, 61.

Ex. II. Somme des nombres 89 et 47.

1° 89+47=90+46=90+40+6=136

2° 89+47=80+40+9+7=120+16=136

Ex. III. Somme des nombres 829 et 342.

1° 829+342=800+300+20+40+9+2=1171

2° 829+342=830+341=830+340+1=1171

La pratique et la réflexion font trouver une foule d'autres simplifications ingénieuses qui permettent d'additionner de tête très-rapidement.

Exercices

119. Billes. 4+5+7 ; 9+10+10 ; 11+13+15 ; 18+10+12+15.

120. Enfants. 7+12+10 ; 8+7+5+13 ; 15+19+25+14 ; 28+17+27.

121. Ardoises. 13+10+12 ; 9+15+16+18 ; 12+18+19+5 ; 38+12+19.

122. Noix. 67+42+15 ; 59+35+5+27 ; 81+28+15+12 ; 94+45+19.

123. Moutons. 136+43+10 ; 104+54+28 ; 158+14+17+6 ; 19+21+189.

124. Francs. 250+300+550 ; 1230+658+47 ; 1158+728+345.

125 On a acheté pour 12 fr. de pain, 4 de viande et 2 de légumes : combien a-t-on dépensé en tout ?

126 Un enfant a donné 8 billes à son plus jeune frère, 12 à son frère aîné, et il lui en reste encore 15 : combien en avait-il en tout ?

127 Un coquetier a acheté le lundi pour 12 fr., le mardi pour 14, le mercredi pour 10 et le jeudi pour 17. Faites le total de ses achats.

128 Le 1er du mois est un mardi ; dites la date des autres mardis du même mois. Conclure ainsi : tel jour est le 1er, tel jour est le...

Exercices préparatoires

85. Quels nombres faut-il ajouter successivement

à	0	pour avoir	9, 8, 7...	2, 1, 0.
—	1	—	10, 9, 8...	2, 1.
—	2	—	11, 10, 9...	3, 2.
—	3	—	12, 11, 10...	4, 3.
—	4	—	13, 12, 11...	5, 4.
—	5	—	14, 13, 12...	6, 5.
—	6	—	15, 14, 13...	7, 6.
—	7	—	16, 15, 14...	8, 7.
—	8	—	17, 16. 15...	9, 8.
—	9	—	18, 17, 16... 10, 9.
—	10	—	19, 18, 17... 11, 10.

86. Définition. — *La soustraction est une opération qui a pour but, étant donnés deux nombres, d'en chercher un troisième, qui ajouté au plus petit reproduirait le plus grand. Le résultat se nomme différence, reste ou excès.*

87. Signe. On indique la soustraction par ce signe — qu'on énonce *moins.* Ainsi : 9 — 5 se lit : 9 moins 5.

88. Principe. *La différence entre deux nombres ne change pas lorsqu'on les augmente ou les diminue tous les deux d'un même nombre.*

Ainsi la différence entre 5 et 2 est 3 ; celle entre 15 (5+10) et 12 (2+10) est encore 3.

89. Règle. *Pour faire une soustraction, on écrit le plus petit nombre sous le plus grand de manière que les unités soient sous les unités, les dizaines sous les dizaines, etc...; puis on souligne ces nombres pour les séparer du résultat. Commençant par la droite, on écrit au-dessous de chaque chiffre du nombre inférieur ce qu'il faudrait lui ajouter pour obtenir son correspondant supérieur. Si un chiffre du nombre inférieur est plus grand que son correspondant supérieur, on ajoute 10 à celui-ci, mais on augmente de 1 le chiffre suivant du nombre inférieur. On continue ainsi l'opération.*

EXEMPLE I.   De 975 retrancher 543.

$$\begin{array}{r} 975 \\ 543 \\ \hline 432 \end{array}$$

On pourrait dire : à 3 unités il faut en ajouter **2** pour en avoir **5**, j'écris **2**. A **4** dizaines il faut en ajouter **3** pour en avoir **7**, j'écris **3**. A **5** centaines il faut en ajouter **4** pour en avoir **9**, j'écris **4**. L'excès demandé est donc **432**.

Dans la pratique, on dit simplement : **3** et **2**, **5** (en disant cela on écrit **2**); **4** et **3**, **7** (on écrit **3**); **5** et **4**, **9** (on écrit **4**) : l'excès est **432**.

EXEMPLE II.	EXEMPLE III.	EXEMPLE IV.
7 853	53 004	8 790
568	17 050	7 883
7 285	35 954	807

Ex. II. On pourrait dire : 8 étant plus grand que 3, j'ajoute 10 à 3, ce qui donne 13 ; à 8 il faut ajouter 5 pour avoir 13, j'écris 5. J'ai augmenté le nombre supérieur de 10 unités, pour que l'excès ne change pas j'augmente le nombre inférieur de 1 dizaine ; 1 dizaine et 6 font 7 ; 7 dizaines surpassant 5 dizaines, j'ajoute 10 dizaines à 5, ce qui en donne 15 ; à 7 dizaines il faut en ajouter 8 pour en avoir 15, j'écris 8. J'ai augmenté le nombre supérieur de 10 dizaines, j'augmente le nombre inférieur de 1 centaine ; 1 centaine et 5 font 6 ; à 6 centaines il faut en ajouter 2 pour en avoir 8, j'écris 2. Enfin j'écris 7 puisqu'il n'y a pas de mille au plus petit nombre. L'excès demandé est 7 285.

Dans la pratique on dit : 8 et 5, 13 (en disant cela on écrit 5), et retiens 1 ; 1 et 6, 7, et 8, 15 (on écrit 8), et retiens 1 ; 1 et 5, 6, et 2, 8 (on écrit 2); 7.

Ex. III. On dit : 4 ; 5 et 5, 10, et retiens 1 ; 1 et 9, 10, et retiens 1 ; 1 et 7, 8, et 5, 13, et retiens 1 ; 1 et 1, 2, et 3, 5.

Ex. IV. 3 et 7, 10, et retiens 1 ; 1 et 8, 9 ; 8 et 9, 17, et retiens 1 ; 7 et 1, 8 (le zéro ne s'écrit pas).

40. Preuve. — La différence de deux nombres s'obtient en cherchant ce qu'il faut ajouter au plus petit pour avoir le plus grand : le plus grand se compose donc de la différence et du plus petit : donc pour faire la preuve de la soustraction, on ajoutera la différence au plus petit nombre ; on devra retrouver le plus grand.

41. Remarque. On ne peut retrancher un nombre d'un autre qu'autant que l'unité est la même pour tous les deux : par exemple on ne cherche pas à retrancher 7 litres de 20 mètres. Cependant de deux personnes qui ont l'une 8 pommes et l'autre 5 poires, on peut dire que l'une a 3 fruits (n° 39) de plus que l'autre.

42. Usages. Un grand nombre de questions dépendent de la soustraction. On emploie cette opération pour calculer :

I. La perte ou le bénéfice fait sur une vente;

II. Ce que l'on redoit après avoir donné un à-compte;

III. Ce que l'on possède encore après avoir fait une certaine dépense ;

IV. Ce qui reste en magasin après qu'on a vendu nne partie des marchandises;

V. Le temps écoulé entre deux dates;

VI. Enfin, comme l'indique la définition, on emploie la soustraction toutes les fois que la question consiste, ou peut se ramener, à chercher un reste, un excès ou une différence.

Questionnaire. *Qu'est-ce que la soustraction? — Quel est le signe de la soustraction? — Que devient la différence de deux nombres lorsqu'on les augmente ou les diminue l'un et l'autre d'un même nombre? — Énoncez la règle pour faire une soustraction? Comment se fait la preuve de la soustraction? — Peut-on retrancher deux nombres qui expriment des unités différentes? — Quels sont les principaux usages de la soustraction?*

Exercices

129. Cahiers. 9—3, 15—6, 30—10, 25—5, 35—10, 50—10, 70—20
130. Règles. 14—4, 11—3, 38—10, 59—10, 71—10, 77—10, 83—10
131. Noyers. 17—6, 28—15, 59—17, 63—14, 134—31
132. Cerisiers. 28—12, 64—37, 129—38, 152—47, 106—18
133. Chênes. 92—65, 178—106, 190—91, 258—138
134. Sapins. 118—54, 142—93, 319—121, 732—97
135. Ares de pré. 65—47, 128—39, 250—68, 320—231, 649—259
136. Ares de trèfle. 108—19, 254—37, 407—208, 1 682—511
137. Faucheurs. 60—48, 82—37, 58—16, 47—28
138. Moissonneurs. 74—18, 25—20, 40—11, 36—19
139. Tisserands. 49—33, 34—1, 18—2, 48—21, 31—22
140. Bûcherons. 74—9, 82—75, 40—29, 124—103, 130—114
141. Livres cartonnés. 1 330—128, 2 342—68, 3 058—369, 6 708—5 659
142. Livres brochés. 3 728—832, 5 614—4 230, 8 500—4 800, 9 004—6 005
143. Kilos de blé. 5 034—655, 5 000—4 001, 11 110—811, 12 003—4 560
144. Kilos d'avoine. 3 468—579, 5 349—4 002, 14 609—8 318
145. Litres de vin. 18 348—12 235, 17 321—13 218, 19 742—847
146. Bouteilles de vin. 23 647—12 531, 26 948—18 354, 34 045—24 637
147. Kilos de foin. 38 748—17 559, 47 628—45 750, 68 900—9 961
148. Kilos de paille. 13 967—2 254, 25 874—6 735, 65 030—7 560
149. Kilos d'acier. 155 328—6 742, 328 642—37 629, 541 319—7 028
150. Kilos de fer. 69 568—18 940, 158 732—60 047, 182 001—18 904
151. Kilos de fonte. 382 680—223 659, 450 600—351 223, 739 500—6 941

Nota. L'élève cherchera les réponses aux questions suivantes, dans les exercices de 129 à 151.

152 Reste-t-il, en tout, plus de noyers que de cerisiers? (1) 153 — de chênes que de sapins? 154. — d'arbres fruitiers que d'arbres destinés aux constructions ? 155. — d'ares de prairies naturelles que d'ares de prairies artificielles ? 156. — de faucheurs que de moissonneurs ? 157. — de tisse-

(1) Il suffit de faire la somme des restes dans la ligne des noyers, puis dans celle des cerisiers, et de comparer ces deux sommes.

rands que de bûcherons ? 158. — de livres cartonnés que de livres brochés ? 159. — de kilos de blé que de kilos d'avoine ? 160. - de litres de vin que de bouteilles de vin ? 161. — d'ouvriers travaillant dehors que d'ouvriers travaillant à la maison ? 162. — de kilos de foin que de kilos de paille ? 163. — de kilos d'acier que de kilos de fonte ?

Nota. *L'élève cherchera les réponses aux questions suivantes (Voir addition, exercices de 43 à 81).*

164. Quelle est la différence entre les nombres totaux : de pommes et de prunes ? 165. — de pêches et d'abricots ? 166. — de prunes et de pêches ? 167.—de pommes et d'abricots ? 167 *bis*—de mètres de calicot et de mètres de toile ? 168. — de mètres de drap et de mètres de toile ? 169. — de litres de vin rouge et de litres de vin blanc ? 170. — de litres d'eau et de litres d'huile ? 171. — de litres d'eau et de litres de vin blanc ? 172. — de litres de froment et de litres de seigle ? 173. — de litres d'avoine et de litres d'orge ? 174.—de litres de liquides et de litres de céréales ? 175. — de kilos de pain et de kilos de viande ? 176. — de kilos de sucre et de kilos de pain ? 177. — de kilos de bois et de kilos de houille.

178. Quelle est la différence entre les nombres totaux : de cavaliers et de fantassins ? 179. — de cordonniers et de sabotiers ? 180. — de couteliers et de serruriers ? 181. — de tonneliers et de charrons ? 182. — de maçons et de charpentiers ? 183. — de charpentiers et de menuisiers ?

183*bis*. Quelle est la différence entre : les nombres d'ouvriers travaillant le bois et d'ouvriers travaillant les métaux ? 184. — les nombres de kilos de de comestibles solides et de kilos de combustibles aussi solides ? 185. — les nombres de fruits à noyau et de fruits à pépins ?

186 Du lundi au samedi, un élève a gagné 39 bons points, mais le samedi, il a dû en rendre 7 : combien en a-t-il encore ?

187 Une famille gagne 61 fr. par semaine et en dépense 30 : combien économise-t-elle ?

188 Combien a coûté **un cheval** sur lequel on gagne 87 **fr.** en le revendant 519 fr. ?

189 Parmentier, auquel on doit la vulgarisation de la pomme de terre en France, vécut de 1737 à 1813 : à quel âge est il mort ?

190 Combien de jours du 7 mars exclusivement au 23 juin inclusivement ?

191 Jenner, médecin anglais, publie en 1798 ses premiers travaux sur la vaccination ; il meurt en 1823 à l'âge de 74 ans : combien d'années depuis la naissance de ce bienfaiteur de l'humanité jusqu'à nos jours ?

192 Le rendement moyen d'un hectare de prairie naturelle de 1re classe est de 5 500 kg. de foin, mais il peut s'élever par l'irrigation à 9 400 kg. : combien de kg. de foin, par hectare, peut ajouter l'irrigation ?

193 Un pépiniériste qui a

	pommiers,	poiriers	pruniers,	cerisiers	noyers,	néfliers.
	280	174	219	195	86	43
vend	116	35	19?	25		4
Il lui reste						

194 Une servante a vendu au marché du beurre pour 15 fr., des œufs et des fromages pour 7 fr. ; elle a acheté une paire de souliers pour 11 fr., 5 mètres de calicot pour 7 fr. : combien doit-elle rapporter ?

195 Un marchand a acheté 6 hectolitres de vin 150 fr. ; il a payé pour frais de transport, entrée et octroi 34 fr. : dire son bénéfice, sachant qu'il a revendu son vin 295 fr.

196 Un marchand a acheté du drap d'Elbœuf pour 1 250 fr., de la rouennerie pour 1 570 fr. Il a revendu ces marchandises en 4 fois : la 1re fois il a retiré 780 fr.; la 2e 1 050 fr.; la 3e 970 fr.; la 4e 520 fr. : combien a-t-il gagné ?

197 Un épicier a vendu dans une semaine 124 kg. de sucre, 22 de café et 245 de sel ; la suivante il a vendu 95 kg. de sucre, 13 de café et 197 de sel : quelle est, pour chaque espèce de marchandise, la différence entre les quantités vendues ? *(Voir exercice 111)*.

Calcul mental

43. Pour faire une soustraction de tête, on ne suppose pas, comme dans une opération ordinaire, les nombres écrits l'un sous l'autre ; mais on a recours à des *simplifications* dont plusieurs sont basées sur des principes déjà connus.

1° *La différence de deux nombres ne change pas lorsqu'on les augmente ou les diminue tous les deux d'un même nombre (n° 38).*

Ex. I. Retrancher 17 de 58. En ajoutant 3 à chaque nombre nous avons à retrancher 20 de 61, ce qui donne pour reste 41.

Ex. II. Retrancher 145 de 250. Si l'on diminue chaque nombre de 45, on a 100 à retrancher de 205, ce qui donne 105.

° *Lorsqu'on augmente le plus grand nombre d'une certaine quantité, la différence augmente d'autant.*

Ex. Retrancher 20 de 95. On ajoute 5 à 95; on a alors à retrancher 20 de 100, la différence est 80 ; mais comme la différence cherchée a été augmentée de 5, elle est 75.

3° *Lorsqu'on diminue le plus grand nombre d'une certaine quantité, la différence est diminuée d'autant.*

Ex. Retrancher 25 de 78. On diminue 78 de 3, puis on retranche 25 de 75, la différence est 50. 78 moins 25 donne donc 53 pour reste.

4° *Lorsqu'on augmente le plus petit nombre d'une certaine quantité, la différence diminue d'autant.*

Pour retrancher 24 de 80 on ajoute 6 à 24, puis on retranche 30 de 80, la différence est 50. 80 moins 24 donne donc 56 pour reste.

5° *Lorsqu'on diminue le plus petit nombre d'une certaine quantité, la différence augmente d'autant.* Pour retrancher 28 de 75, on diminue 28 de 3, puis on retranche 25 de 75, le reste est 50. 75 moins 28 donne donc pour reste 47.

6° *On décompose le plus petit nombre en plusieurs parties et on les retranche successivement.* Pour soustraire 29 de 375, on dira : 375 moins 25, il reste 350, moins 4, 346. 29 a été décomposé en 25 et 4.

Pour soustraire 2 349 de 5 751, on dira : 5 751 moins 2 000, 3 751, moins 300, 3 451, moins 40, 3 411, moins 9, il reste 3 402.

Exercices sur le calcul mental

198. Crayons : 9—4 ; 14—5 ; 18—8 ; 24—14 ; 16—12 ; 36—15 ; 26—16.

199. Plumes : 19—9 ; 23—13 ; 28—11 ; 36—16 ; 41—25 ; 63—18.

200. Porte-plumes : 66—16 ; 48—18 ; 65—20 ; 95—22 ; 100—26 ; 105—25.

201. Canifs : 58—28 ; 163—93 ; 258—139 ; 192—84 ; 166—36.

202. Élèves : 34—19 ; 83—30 ; 95—62 ; 109—49 ; 116—44.

203. Francs : 1 248—1 100 ; 1 454—850 ; 3 689—2 340 ; 6 984—3 636.

204. On donne une pièce de 20 fr. à un marchand à qui on doit 9 fr. : combien doit-il rendre ?

205 Combien doit rendre un négociant à qui on doit 66 fr. et qui reçoit en payement un billet de 100 fr. ?

206 Sur 50 fr. pris pour aller à la ville on achète un chapeau 8 fr., des souliers 11 fr., un pantalon 13 fr. et divers objets pour 4 fr. : combien rapporte-t-on ?

207 Sur une provision de 6 800 bottes de foin de 10 kg. chacune, les chevaux d'un fermier en ont déjà mangé 3 000 et le reste du bétail 2 400 : combien reste-t-il de bottes, combien de kilos ?

208 Sur une dette de 2800 fr. on a déjà donné deux à-compte : l'un de 650 fr. et l'autre 385 fr. : combien reste-t-il dû ?

MULTIPLICATION

Exercices préparatoires

44.   **Table de multiplication**

1 fois 1 fait 1	4 fois 1 font 4	7 fois 1 font 7
1 — 2 — 2	4 — 2 — 8	7 — 2 — 14
1 — 3 — 3	4 — 3 — 12	7 — 3 — 21
1 — 4 — 4	4 — 4 — 16	7 — 4 — 28
1 — 5 — 5	4 — 5 — 20	7 — 5 — 35
1 — 6 — 6	4 — 6 — 24	7 — 6 — 42
1 — 7 — 7	4 — 7 — 28	7 — 7 — 49
1 — 8 — 8	4 — 8 — 32	7 — 8 — 56
1 — 9 — 9	4 — 9 — 36	7 — 9 — 63
2 fois 1 font 2	5 fois 1 font 5	8 fois 1 font 8
2 — 2 — 4	5 — 2 — 10	8 — 2 — 16
2 — 3 — 6	5 — 3 — 15	8 — 3 — 24
2 — 4 — 8	5 — 4 — 20	8 — 4 — 32
2 — 5 — 10	5 — 5 — 25	8 — 5 — 40
2 — 6 — 12	5 — 6 — 30	8 — 6 — 48
2 — 7 — 14	5 — 7 — 35	8 — 7 — 56
2 — 8 — 16	5 — 8 — 40	8 — 8 — 64
2 — 9 — 18	5 — 9 — 45	8 — 9 — 72
3 fois 1 font 3	6 fois 1 font 6	9 fois 1 font 9
3 — 2 — 6	6 — 2 — 12	9 — 2 — 18
3 — 3 — 2	6 — 3 — 18	9 — 3 — 27
3 — 4 — 19	6 — 4 — 24	9 — 4 — 36
3 — 5 — 15	6 — 5 — 30	9 — 5 — 45
3 — 6 — 18	6 — 6 — 36	9 — 6 — 54
3 — 7 — 21	6 — 7 — 42	9 — 7 — 63
3 — 8 — 24	6 — 8 — 48	9 — 8 — 72
3 — 9 — 27	6 — 9 — 54	9 — 9 — 81

45. Remarque. Si les exercices qui précèdent l'addition ont été faits, cette table ne présente plus aucune difficulté : tous les résultats sont en effet des sommes que l'élève sait trouver. Par exemple, 3 fois 5 c'est 5+5+5. Il dira sur le pouce 5, sur l'index 10 et sur le majeur 15. (Il aura compté 3 fois de 5 en 5, ce qu'il sait faire). Si c'est 4 fois 6, il dira successivement sur 4 doigts: 6, 12, 18, 24 (Il aura compté 4 fois de 6 en 6). Toute la table doit s'apprendre ainsi. On s'habitue très-vite à ces exercices, et bientôt on dit sans hésiter : 3 fois 5, 15 ; 4 fois 6, 24 ; etc. D'ailleurs, il suffit d'apprendre à peu près la moitié de cette table : car 5 fois 6 font 30, de même que 6 fois 5, etc.

46. Définition. *La multiplication est une opération qui a pour objet de répéter un nombre appelé multiplicande autant de fois qu'il y a d'unités dans un autre appelé multiplicateur. Le résultat s'appelle produit.*

47. Signe. Le signe de la multiplication est $\times$, qu'on énonce : *multiplié par*. Ex. 5×4 se lit : 5 multiplié par 4. 5 est le multiplicande, et 4 le multiplicateur.

Le multiplicande et le multiplicateur sont appelés *facteurs* du produit.

48. On distingue trois cas :

Ier CAS. *Multiplication de deux nombres d'un seul chiffre.* Ex. 7×5.

Ce cas ne présente aucune difficulté, puisque tous les produits de deux nombres d'un seul chiffre sont contenus dans la table de multiplication. Ainsi, le produit de 7 par 5 est 35, parce que 5 fois 7 font 35. Le produit de 8 par 4 est 32 ; celui de 9 par 6 est 54, etc.

49. IIe CAS. *Multiplication d'un nombre de plusieurs chiffres par un nombre d'un seul.* Ex. $3\,232 \times 3$.

Règle. *On écrit le multiplicande, puis le multiplicateur au-dessous et on souligne. On multiplie ensuite successivement, et en commençant par la droite, chaque chiffre du multiplicande par le multiplicateur. Si un produit ne dépasse pas 9, on l'écrit tel qu'on le trouve ; s'il surpasse 9, on n'en écrit que les unités et l'on retient les dizaines pour les* *ajouter, comme autant d'unités, au produit suivant. Le dernier s'écrit tel qu'on le trouve.*

Appliquons cette règle aux exemples suivants :

EXEMPLE I.   *Multiplicande.*   3 132
               Multiplicateur.   3
               Produit   9 396

On pourrait dire : 3 fois 2 unités font 6 unités ; 3 fois 3 dizaines font 9 dizaines ; 3 fois 1 centaine font 3 centaines ; 3 fois 3 mille font 9 mille. On dit plus simplement, dans la pratique : 3 fois 2, 6 (en disant cela on écrit 6); 3 fois 3, 9 ; 3 fois 1, 3 ; 3 fois 3, 9.

EXEMPLE II.   5 468
                         7
                     38 276

On pourrait dire : 7 fois 8 unités font 56 unités ; dans 56 unités il y a 6 unités et 5 dizaines, j'écris 6 unités et retiens 5 dizaines. 7 fois 6 dizaines font 42 dizaines, 42 et 5 font 47 ; dans 47 dizaines il y a 7 dizaines et 4 centaines, j'écris 7 et retiens 4 centaines. 7 fois 4 centaines font 28 centaines et 4 font 32, j'écris 2 et retiens 3 mille ; 7 fois 5 mille font 35 mille et 3 font 38 mille que j'écris.

On dit dans la pratique : 7 fois 8, 56 (en disant cela on écrit 6), et retiens 5 ; 7 fois 6, 42, et 5, 47 (on écrit 7); et retiens 4 ; 7 fois 4, 28, et 4, 32, et retiens 3 ; 7 fois 5, 35, et 3, 38 que j'écris.

EXEMPLE III.   EXEMPLE IV.
    54 708   28 004
        9   6
   492 372   168 024

Ex. III. On dit : 9 fois 8, 72 (on écrit 2); et retiens 7 ; 9 fois 0 (font zéro), 7 ; 9 fois 7, 63 (on écrit 3), et retiens 6 ; 9 fois 4, 36, et 6, 42 (on écrit 2), et retiens 4 ; 9 fois 5, 45, et 4, 49 que j'écris.

Ex. IV. On dit : 6 fois 4, 24 (on écrit 4), et retiens 2 ; 6 fois 0 (font zéro), 2 ; 6 fois 0, 0 ; 6 fois 8, 48 (on écrit 8), et retiens 4 ; 6 fois 2, 12, et 4, 16 que j'écris.

50. 3ᵉ Cas. *Multiplication de deux nombres de plusieurs chiffres.* Ex. 8 367 ×643.

Règle. *On écrit le multiplicande, le multiplicateur au-dessous et on souligne. Puis on multiplie le multiplicande successivement par chaque chiffre significatif* (1) *du multiplicateur en commençant par la droite. On écrit les produits partiels les uns sous les autres, de manière que le premier chiffre à droite de chacun d'eux se trouve sous le chiffre du multiplicateur qui a donné ce produit. On souligne le dernier produit partiel, et la somme de tous ces produits est le produit cherché.*

Appliquons cette **règle** à notre exemple.

Multiplicande	8 367
Multiplicateur	643
1er Produit partiel	25 101
2e » »	334 68
3e » »	5 020 2
Produit total	5 379 981

On multiplie d'abord 8 367 par 3, et on place le 1er chiffre du produit sous 3; on multiplie ensuite 8 367 par 4 en écrivant le 1er chiffre sous 4. Enfin on multiplie 8 367 par 6 en écrivant le 1er chiffre de ce produit sous 6. Puis on additionne.

51. 1er Cas particulier. *Il y a des zéros entre les chiffres significatifs du multiplicateur.*

La difficulté n'est pas plus grande que dans l'exemple précédent, il suffit de se rappeler que le 1er chiffre à droite de chaque produit partiel doit se trouver sous le chiffre du multiplicateur qui a servi à le former.

EXEMPLE	7 913
	600 405
	39 565
	3 165 2
	4 747 8
	4 751 004 765

Explication. On multiplie par 5, puis par 4 (sans faire attention au zéro); mais comme le 4 est au rang des cen-

---

(1) Les neuf chiffres 1, 2, 3, ... 9, sont appelés chiffres *significatifs*.

taines, on écrit le 1ᵉʳ chiffre 2 de ce produit dans la colonne des centaines. On multiplie ensuite par 6 (sans faire attention aux zéros), mais comme le chiffre 6 est au rang des centaines de mille, on écrit le 1ᵉʳ chiffre 8 de ce produit sous la colonne des centaines de mille. Il ne s'agit plus que de faire la somme des produits partiels.

52. IIᵉ Cas particulier. *Les facteurs sont terminés par des zéros.* Dans ce cas, on fait la multiplication sans avoir égard aux zéros qui terminent les facteurs, mais on écrit sur la droite du produit obtenu autant de zéros qu'il y en a dans les facteurs.

Ex. I.	Ex. II.	Ex. III.
3 210	436	89 000
53	3 700	2 700
9 63	305 2	62 3
160 5	1 308	178
170 130	1 613 200	240 300 000

Ex. I. On multiplie 321 par 53, et à la droite du produit 17 013 on écrit un zéro, parce qu'il y en a un sur la droite du multiplicande, ce qui donne 170 130 pour le produit de 3 210 par 53.

Ex. II. On multiplie 436 par 37, et à la droite du produit 16 132 on écrit 2 zéros, parce qu'il y en a 2 sur la droite du multiplicateur, ce qui donne 1 613 200 pour le produit de 436 par 3 700.

Ex. III. On multiplie 89 par 27, et à la droite du produit 2 403 on écrit 5 zéros, parce qu'il y en a 5 à la droite des deux facteurs, ce qui donne 240 300 000.

53. Principe. *Un produit ne change pas lorsqu'on intervertit l'ordre de ses facteurs.* Ainsi on trouve dans la table de multiplication que 5 fois 6 font 30, et que 6 fois 5 font encore 30.

54. Preuve. Pour faire la preuve de la multiplication, on met le multiplicande à la place du multiplicateur, et *réciproquement* (c'est-à-dire que l'on *intervertit* l'ordre des facteurs). On doit trouver le même produit, si l'opération a été bien faite.

EXEMPLE.   Opération directe.   Preuve ou opération inverse.

```
           6 794                    357
             357                  6 794
          ───────                ───────
           47 558                  1 428
Preuve par 9   339 70              32 13
               2 038 2             249 9
              ────────            2 142
               2 425 458          ─────────
                                  2 425 458
```

Comme on trouve deux produits égaux, on en conclut que la première opération a été bien faite.

55. Preuve par 9. Voici une autre preuve, très-facile et très-courte, de la multiplication.

56. Règle. On trace d'abord deux lignes qui se coupent ✕. 1° On additionne les chiffres du multiplicande, en ayant soin, toutes les fois que l'on rencontre, soit dans le courant du calcul, soit même à la fin, une somme plus grande que 9, de la remplacer par la somme de ses chiffres. On écrit le résultat final dans l'ouverture supérieure. 2° On en fait autant pour le multiplicateur, et on écrit le résultat dans l'ouverture inférieure. 3° On fait le produit de ces deux résultats, et on opère sur ce produit comme sur le multiplicande et le multiplicateur. On écrit le nombre trouvé dans l'ouverture de gauche. 4° Enfin on opère de la même manière sur le produit à vérifier, et si la multiplication a été bien faite, le 4e résultat doit-être le même que le 3e.

Il est bon d'observer que l'on néglige tous les 9 que contient le nombre.

Exemple. Faisons par cette méthode la preuve de la multiplication précédente.

Multiplicande : 6 et 7, 13 (la somme surpasse 9) ; 1 et 3, 4 (je néglige 9), et 4, 8 que j'écris dans l'ouverture supérieure. *Multiplicateur :* 3 et 5, 8, et 7, 15 (la somme surpasse 9), 1 et 5, 6 que j'écris dans l'ouverture inférieure. *Produit des deux résultats :* 6 fois 8, 48 (la somme surpasse 9), 4 et 8, 12 (la somme surpasse 9) ; 1 et 2, 3 que j'écris dans l'ouverture de gauche. *Produit à vérifier :* 2 et 4, 6, et 2, 8, et 5, 13 (la somme surpasse 9) ; 1 et 3, 4, et 4, 8, et 5, 13 (la somme surpasse 9) ; 1 et 3, 4, et 8, 12 (la somme surpasse 9) ; 1 et 2, 3, que j'écris dans l'ouverture de droite. Les deux derniers résultats étant égaux à 3, la vérification est faite.

57. Remarque. Le produit est toujours de même nature que le multiplicande. Si l'on doit trouver des francs au produit c'est que le multiplicande exprime des francs. Il est donc toujours facile de savoir lequel des deux facteurs est le multiplicande. Comme on peut intervertir l'ordre des facteurs sans altérer le produit, pour abréger les calculs on prend généralement le plus petit nombre pour multiplicateur.

58. Produit de plusieurs facteurs.

EXEMPLE. $26 \times 14 \times 17 \times 15$. Pour effectuer ce produit, on multiplie 26 par 14, le produit par 17 et ce dernier produit par 15. Les opérations sont donc les suivantes :

```
      26              364              6 188
      14               17                 15
    ─────            ─────            ───────
     104            2 548            30 940
      26            3 64             61 88
    ─────            ─────            ───────
     364            6 188            92 820
```

59. Changement d'ordre des facteurs. Dans un produit à effectuer, on peut placer les facteurs dans un ordre quelconque, Ainsi, le produit précédent $26 \times 14 \times 17 \times 15$ peut s'écrire $14 \times 26 \times 17 \times 15$ ou encore, $15 \times 14 \times 26 \times 17$, etc.

Remarque. Nous verrons, dans le calcul mental, qu'il est souvent très-avantageux d'intervertir l'ordre des facteurs.

60. Usages de la multiplication. Cette opération est d'un usage très-fréquent. On l'emploie :

I. Pour calculer la valeur, le poids, etc. d'un **groupe** de plusieurs objets connaissant la valeur, le poids, etc. d'un seul ;

II. Pour calculer le bénéfice ou la perte sur l'ensemble de plusieurs unités connaissant le bénéfice ou la perte sur une seule unité ;

III. Pour calculer le gain ou la dépense d'une semaine, d'un mois, etc. connaissant le gain ou la dépense d'un jour ;

Enfin on emploie cette opération toutes les fois que l'on conclut par ces mots : *tant de fois plus.*

Questionnaire. *Qu'est-ce que la multiplication? — Qu'appelle-t-on facteurs du produit? — Combien distingue-t-on de cas dans la multiplication? — De quoi se sert-on pour faire les multiplications dans le 1er cas? — Enoncez la règle pour faire les multiplications dans le 2e cas. — Enoncez la règle pour faire les multiplications dans le 3e cas. — Quels sont les 2 cas particuliers? Donnez des exemples. — Un produit de 2 facteurs change-t-il lorsqu'on intervertit l'ordre des facteurs? — Comment se fait la preuve de la multiplication? — Faites la preuve par 9 d'une multiplication. — De quelle nature est le produit? — Dans le produit, à effectuer, de plusieurs facteurs peut-on intervertir l'ordre des facteurs? — Quelles sont les principales questions qu'on résout par une multiplication?*

Exercices

209. Faites le produit des 10 premiers nombres par 10.
210. Faites le produit des 11 premiers nombres par 11.
211. Faites le produit des 12 premiers nombres par 12.

Effectuez les multiplications suivantes :

212.	213.	214.	215.
54×7	$7\,350 \times 4$	45×14	$25\,348 \times 17$
528×8	$3\,400 \times 9$	607×38	$29\,405 \times 26$
402×6	$18\,962 \times 3$	$1\,456 \times 47$	$37\,006 \times 52$
$9\,748 \times 9$	$19\,028 \times 6$	$2\,308 \times 64$	$42\,000 \times 63$
$9\,004 \times 5$	$22\,100 \times 8$	$5\,400 \times 59$	$158\,327 \times 92$

216.	217.	218.	219.
358×212	5004×819	56010×0927	1270405×5604
807×345	9800×249	82643×1651	5600503×7080
940×631	16543×652	103547×2135	49302504×9265
1823×547	23406×783	564312×5409	87420034×8020
2053×736	26007×315	784906×6702	19340000×7700

Effectuez les produits indiqués :

220. $54 \times 17 \times 9 \times 5$; $563 \times 7 \times 6 \times 18$; $504 \times 90 \times 5 \times 27$;

221. $1\,034 \times 28 \times 17 \times 50$; $50\,304 \times 152 \times 4 \times 15$; $307 \times 405 \times 1\,609 \times 50$.

222 Un maître menuisier emploie deux ouvriers; il donne 3 fr, par jour au premier et 4 fr. au second qui est plus habile et plus actif. Combien est-il dû à chacun des ouvriers, et combien en tout, sachant qu'ils ont travaillé 23 jours?

223 Une personne a acheté *(Terminez la facture)*.

5 mètres de drap à 12 francs .	.	.	.	.
48 id. de toile à 2 — .	.	.	.	.
6 id. doublure à 1 — .	.	.	.	.
		Total .		

224 Avec la farine d'un kg. de blé on peut faire un kg. de pain. Combien fera-t-on de kg. de pain avec la farine de 4 hectolitres de blé? On sait que l'hectolitre de ce blé pèse 78 kg.

225 Il faut en moyenne 28 litres de lait pour un kg. de beurre et une bonne vache produit 64 kg. de beurre par an. Combien une telle bête donne-t-elle de litres de lait par an?

226 Un chapelier a acheté : 28 chapeaux de feutre à 4 fr., 40 de soie à 7 fr., 24 aussi de soie, autre qualité à 11 fr., 65 de paille à 1 fr., 45 aussi de paille, autre qualité a 2 fr., 30 encore de paille, autre qualité à 3 fr. *(Faire la facture, exercice 223)*.   Total.

227 Une fermière a 10 poules, 12 canes, 7 oies et 4 dindes. Une poule pond en moyenne 52 œufs par an, une cane 33, une oie 14 et une dinde 25. On a, dans l'année, mangé, dans la ferme, 25 douzaines d'œufs de poule, 4 de cane et 1 d'oie. Combien la fermière a-t-elle pu vendre d'œufs de chaque espèce *(Mettre en ordre, exercice 111)*?

228 Un cultivateur doit 72 fr. à son charron, 98 à son maréchal et 30 à son bourrelier. Il a fait 3 journées de labour à 9 fr. l'une pour le charron, qui lui a pris en outre 2 hectolitres de blé à 19 fr. l'un. Il en a vendu 3 hectolitres au maréchal et 4 au bourrelier. Établissez les comptes.

229 Un boucher tue, dans une semaine, un bœuf qui donne 360 kg. de viande, 3 veaux qui en donnent chacun 58, 5 moutons qui en donnent chacun 28. Combien vend-il de kg. de chaque espèce cette semaine?

230 Il y a sur une voiture 20 sacs d'orge de 6 doubles-décalitres (1) chacun ; le double-décalitre d'orge pèse 12 kg. et vaut 2 fr. 1° Combien de doubles-décalitres sur la voiture? 2° Combien de kg.? 3° Quelle est la valeur du chargement ?

231 Le jour se compose de 24 heures, l'heure de 60 minutes. Combien de minutes dans 1 jour 18 heures 26 minutes?

232 Un marchand qui a acheté 60 hectolitres de vin à 18 fr., en vend 47 à 23 fr. et gagne 28 fr. sur le reste. Quel est son gain total ?

233 La terre supposée sphérique a un rayon de 6 366 kilomètres. La distance moyenne de la lune à la terre est de 60 rayons terrestres. Trouver cette distance.

234 Calculer le rayon du soleil sachant qu'il vaut 112 fois celui de la terre.

(1) Le *double-décalitre* est une mesure usitée dans plusieurs contrées.

235. Un négociant en vins a dans son chais (1) 47 hectolitres de vin revenant (tous frais compris) à 27 fr. l'un, et 58 hectolitres revenant à 19 fr. l'un. Combien doit-il vendre le tout pour gagner 400 fr. ?

236. Sachant que les machines à vapeur consomment, par cheval et par heure, environ 5 kg. de houille, évaluer la consommation d'une machine à vapeur de 28 chevaux, qui a travaillé, nuit et jour, pendant 6 jours ?

Calcul mental

61. *Produits à connaître.* Le calcul mental devient beaucoup plus facile lorsqu'on sait de mémoire les produits de 20, 25, 50, 75, 125, par les premiers nombres.

Les produits de 20 et de 50 par 1, 2, 3, 4.... 9 sont faciles à trouver.

Pour 25, 75, 125, il suffit de connaître quelques-uns de ces produits pour en trouver aisément d'autres :

$$2 \text{ fois } 25=50 \qquad 2 \text{ fois } 75=150 \qquad 2 \text{ fois } 125=250$$
$$3 \;-\; 25=75 \qquad 4 \;-\; 75=300 \qquad 4 \;-\; 125=500$$
$$4 \;-\; 25=100 \qquad 8 \;-\; 75=600 \qquad 8 \;-\; 125=1000$$
$$8 \;-\; 25=200 \qquad 12 \;-\; 75=900$$
$$12 \;-\; 25=300$$

Combien font 5 fois 25 ? Rép. 4 fois 25+1 fois 25 ou 100+25=125.
Combien font 14 fois 25 ? Rép. 12 fois 25+2 fois 25=300+50=350.
Combien font 7 fois 75 ? Rép. 8 fois 75—1 fois 75 ou 600—75=525.
Combien font 5 fois 75 ? Rép. 4 fois 75+1 fois 75 ou 300+75=375.

62. Voici des remarques d'un fréquent usage dans le calcul mental.

I. *Pour multiplier une somme par un nombre, il suffit d'en multiplier les parties et d'ajouter les produits.*

1° Multiplier 84 par 3 : 84=80+4. On multiplie par 3, d'abord 80, puis 4 et on ajoute : 80×3=240, 4×3=12 ; 240+12=252.

2° Multiplier 28 par 4 : 28=25+3 ; 25×4=100 ; 3×4=12, produit 112.

II. *Pour multiplier un nombre par une somme, il suffit de le multiplier par chaque partie de la somme et d'ajouter les produits obtenus.*

1° Multiplier 25 par 14 : 14=10+4 ; donc 25×14=25×10+25×4= 240+100=340.

2° Multiplier 75 par 244 : 244=200+40+4 ; donc 75×244=75×200 +75×40+75×4=15 000+3 000+300=18 300.

III. *Pour multiplier la différence de deux nombres par un troisième, on les multiplie par ce troisième et on retranche les produits.*

1° Multiplier 58 par 3 : 58=60—2. Je multiplie 60 et 2 par 3, ce qui donne 180 et 6 ; puis je retranche ces produits ; 180—6=174.

2° Multiplier 96 par 15 : 96=100—4. Je multiplie 100 et 4 par 15, ce qui donne 1 500 et 60, puis je retranche ces produits, 1 500—60=1 440.

IV. *On peut intervertir l'ordre des facteurs.*

$$5\times17\times2=5\times2\times17=10\times17=170$$

(1) Nom que dans certaines villes les négociants en vins donnent à leurs magasins.

V. *On peut prendre le double de l'un des facteurs et la moitié de l'autre.* (Il est utile dès maintenant d'apprendre que la moitié de 6 est 3, la moitié de 12 est 6, etc.)

1° Multiplier 36 par 5. La moitié de 36 est 18; le double de 5 est 10. 36 par 5 donne donc le même produit que 18 par 10, ou 180.

2° Multiplier 15 par 14. 2 fois 15 font 30; la moitié de 14 égale 7; donc $15 \times 14 = 30 \times 7 = 210$.

VI. *Il arrive souvent qu'il faut trouver la somme de plusieurs produits ayant un même multiplicateur ; il suffit d'ajouter les multiplicandes.*

1° Multiplier 4, 7 et 9 par 12, et ajouter les produits revient à multiplier $4+7+9$ ou 20 par 12 ce qui donne 240. 2° Multiplier 23 et 7 par 15 et ajouter les produits revient à multiplier $23+7$, ou 30, par 15 ce qui donne 450.

Exercices sur le calcul mental

237 A 10 centimes le hareng : combien 3, 5, 6, 9 harengs?

238 Un sou valant 5 centimes : que valent 3, 5, 6, 7, 11, 12 sous?

239 A 5 centimes l'œuf : combien 4, 8, 9, 14, 15 œufs?

240 A 3 francs le rasoir : combien 5, 11, 15, 19, 25 rasoirs?

241 A 8 francs la récolte d'un pommier : combien celle de 7, 12, 14 pommiers de même valeur?

242 Une mesure de blé pesant 15 kg. : combien pèsent 4, 12, 19, 21 mesures?

243 A 14 francs le mètre de drap : que coûtent 6, 12, 16, 18, 22 mètres?

244 A 22 francs l'hectolitre de vin, combien 4, 16, 18 hectolitres?

245 A 20 francs l'hectolitre de blé, combien 5, 8, 12, 19, 45 hectolitres?

246 A 11 francs le fût vide, combien 9, 11, 14, 17, 25, 45 fûts?

247 Le mois de juillet a 4 semaines et 3 jours; combien de jours dans ce mois?

248 Un ouvrier gagne 3 fr. par jour et il dépense 1 fr. : combien a-t-il épargné au bout de 10, de 15, de 24 jours de travail?

249 Un ouvrier qui gagne 4 francs par jour économise la moitié de son gain : combien aura-t-il économisé au bout de 2, 4, 5, 6 jours de travail?

250 3 petits tas de pommes en contiennent : le 1ᵉʳ 5 douzaines et 5 pommes, le 2ᵉ 8 douzᵉˢ et le 3ᵉ 4 douzᵉˢ et 2 pommes. Dire le nombre total de pommes et le nombre de douzaines.

251 Pour solder une note montant à 85 francs on a donné 2 pièces de 20 fr. et 4 de 10 fr. : combien doit-on donner encore?

252 Une vache de petite race consomme par jour 8 kg. de regain et 2 de paille : quelle est la consommation en foin et en paille pour les mois de novembre et de décembre?

253 Nourrie dans ces conditions, la même vache peut donner 8 litres de lait par jour pendant 4 mois de l'année : combien de litres de lait dans ces 4 mois comptés comme étant de 30 jours?

254 Pour payement d'un troupeau de 75 moutons à 28 fr. l'un, l'acheteur donne 2 billets de 1 000 fr. et 1 de 500 : combien doit-on lui rendre?

DIVISION

63   Exercices préparatoires

Dividende	Diviseur	Quotient	Dividende	Diviseur	Quotient
En 2 combien de fois 2 Rép. 1 fois			En 6 combien de fois 6 Rép. 1 fois		
4	2	2	12	6	2
6	2	3	18	6	3
8	2	4	24	6	4
10	2	5	30	6	5
12	2	6	36	6	6
14	2	7	42	6	7
16	2	8	48	6	8
18	2	9	54	6	9
3	3	1	7	7	1
6	3	2	14	7	2
9	3	3	21	7	3
12	3	4	28	7	4
15	3	5	35	7	5
18	3	6	42	7	6
21	3	7	49	7	7
24	3	8	56	7	8
27	3	9	63	7	9
4	4	1	8	8	1
8	4	2	16	8	2
12	4	3	24	8	3
16	4	4	32	8	4
20	4	5	40	8	5
24	4	6	48	8	6
28	4	7	56	8	7
32	4	8	64	8	8
36	4	9	72	8	9
5	5	1	9	9	1
10	5	2	18	9	2
15	5	3	27	9	3
20	5	4	36	9	4
25	5	5	45	9	5
30	5	6	54	9	6
35	5	7	63	9	7
40	5	8	72	9	8
45	5	9	81	9	9

Remarque. Cette table s'apprendra comme la table de multiplication : tous les dividendes sont des sommes que l'élève sait trouver. Par exemple, pour répondre à la question, *en 12 combien de fois 3*, on fera compter l'élève par 3 jusqu'à ce qu'il trouve le divende 12 : il dira donc sur ses doits 3, 6, 9, 12 : il s'arrête sur le 4ᵉ doigt, sa réponse sera *4 fois*. En 45 combien de fois 9? l'élève dira sur ses doigts, 9, 18, 27, 36, 45. Il s'arrête sur le 5ᵉ doigt, sa réponse sera *5 fois*. Toute la table s'apprend ainsi. L'élève acquiert vite l'habitude de ces calculs, et répond bientôt sans hésiter, *en 12 combien de fois 3 : 4 fois; en 45 combien de fois 9 : 5 fois.*

Ces exercices sont insuffisants, car le dividende ne contient pas toujours exactement le diviseur, mais les réponses à toutes les questions que l'on peut se proposer s'obtiennent au moyen de ce qui précède.

En 26 combien de fois 8? L'élève comptera encore par 8 sur ses doigts jusqu'à ce qu'il trouve la somme qui approche le plus de 26 (*en moins*) : il dira donc 8, 16, 24 (il ne dira pas 32 car 32 est plus grand que 26). Il s'arrête sur le 3ᵉ doigt, sa réponse sera 3, *et il reste 2.* En 38 combien de fois 5? L'élève dit sur ses doigts 5, 10, 15, 20, 25, 30, 35. Il s'arrête sur le 7ᵉ doigt, sa réponse sera 7 fois, *et il reste 3.*

Exercices

255. *a* En 6, 9, 13, 15, 12, 18, 19 combien de fois 2 et quels restes?
     b — 12, 15, 19, 24, 26, 29 28   —   3   —
     c — 8, 17, 19, 24, 29, 33, 37   —   4   —
     d — 5, 9, 17, 21, 23, 28, 35, 42, 49 —   5   —
     e — 12, 17, 23, 24, 26, 32, 41, 45, 44—   6   —
     f — 14, 16, 21, 23, 26, 32, 41, 45, 63 —   7   —
     g — 9, 12, 21, 26, 32, 47, 53, 58, 67 —   8   —
     h — 17, 19, 29, 34, 45, 58, 64, 71, 80—   9   —

64. Définition. *La division est une opération par laquelle on cherche combien de fois un nombre appelé dividende en contient un autre appelé diviseur. Le nombre de fois se nomme quotient.*

En 32 combien de fois 8? Rép. 7 fois : 32 est le **dividende**, 8 le *diviseur* et 4 le *quotient*.

65. On distingue trois cas dans la division :

1ᵉʳ Cas. *Le diviseur et le quotient n'ont qu'un chiffre?* Ex. I. En 42 combien de fois 6? Rép. 7 fois.

Ex. II. En 53 combien de fois 8 ? Rép. 6 fois, et il reste 5.

Les quotients de ces sortes de divisions se trouvent donc facilement, lorsqu'on s'est exercé sur la table de division.

66, 2ᵉ Cas *Le dividende et le diviseur ont plusieurs chiffres, et le quotient n'en a qu'un seul.* Ex. Diviser 964 par 238.

Remarque. I. Le quotient n'a qu'un chiffre lorsque le dividende est plus petit que 10 fois le diviseur ; 10 fois 238 font 2 380, nombre plus grand que 964 ; par conséquent le quotient de 964 par 238 n'a qu'un chiffre.

Règle. *A la droite du dividende, on place un trait vertical, puis le diviseur, qu'on souligne pour le séparer du quotient qui s'écrit au-dessous. Si le dividende a le même nombre de chiffres que le diviseur, on divise le 1ᵉʳ chiffre à gauche du dividende par le 1ᵉʳ chiffre à gauche du diviseur ; si le dividende a un chiffre de plus que le diviseur, on divise les 2 premiers chiffres par le 1ᵉʳ du diviseur. On multiplie tout le diviseur par le nombre trouvé ; si le produit peut se retrancher du dividende, ce nombre est le vrai quotient. Dans le cas contraire, le nombre trouvé est trop fort ; on le diminue d'une unité et on essaye de nouveau jusqu'à ce que la soustraction soit possible.*

Appliquons cette règle à deux exemples.

$$
\begin{array}{r|l} \text{Dividende } 964 & 238 \text{ Diviseur} \\ 952 & \overline{4 \text{ Quotient}} \\ \hline 12 & \end{array}
\qquad
\begin{array}{r|l} 5\ 784 & 732 \\ 3\ 660 & \overline{5} \\ \hline 124 & \end{array}
$$

Ex. I. D'après la règle j'ai à diviser 9 par 2. En 9 combien de fois 2 ? Il y est 4 fois. Pour essayer ce quotient je multiplie 238 par 4 ce qui donne 952 que j'écris sous 964. La soustraction pouvant se faire, et donnant 12 *pour reste*, 4 est le *quotient cherché.*

Ex. II. Le dividende ayant un chiffre de plus que le diviseur, j'ai, d'après la règle, à diviser 37 par 7. En 37 combien de fois 7 ? Il y est 5 fois. Pour essayer ce quotient, je multiplie 632 par 5, ce qui donne 3660 que j'écris sous 3784. La soustraction pouvant se faire, et donnant 124 *pour reste*, le chiffre 5 est le vrai quotient.

Remarque II. Au lieu de disposer les calculs comme dans les deux exemples précédents, on *simplifie la division* en se dispensant d'écrire sous le dividende le produit du

diviseur par le quotient. On soustrait à mesure qu'on mul‑
multiplie.

Division simplifiée   *Division simplifiée*

Ex. I.   964|238   Ex. II.   3 784|732
                 12|4   124|5

Ex. I. On dit dans la pratique : en 9 combien de fois 2 ?
4 fois. 4 fois 8, 32, et 2, 34 (on écrit 2), et retiens 3 (3 dizaines
ou 30 unités ajoutées aux 4 du dividende, n° 38); 4 fois 3, 12, et
3, 15, et 1, 16 (on écrit 1), et retiens 1 (1 centaine ou les 10
dizaines ajoutées aux 6 du dividende). 4 fois 2, 8 et 1, 9 (Il
n'y a rien à écrire, car 9 et 0 font 9).

Ex. II. En 37 combien de fois 7 ? Il y est 5 fois. 5 fois
2, 10, et 4, 14 (on écrit 4), et retiens 1 (1 dizaine ou 10
unités ajoutées à 4). 5 fois 3, 15, et 1, 16, et 2, 18 (on
écrit 2), et retiens 1 (1 centaine ou 10 dizaines ajoutées aux
8 dizaines). 5 fois 7, 35, et 1, 36, et 1, 37.

Remarque III. Le quotient d'une division ne se trouve
pas, en général, avec autant de facilité que dans les exemples
précédents. Avant d'écrire au-dessous du diviseur le chiffre
trouvé, il est bon d'être à peu près sûr qu'il n'est pas trop
fort. Pour l'essayer, on tient compte de la retenue que fourni‑
rait le second chiffre du diviseur. Sans rien écrire, on dit, par

29 179|3 896   exemple, en 29 combien de fois 3 ? 9 fois :
   907|7   mais on voit immédiatement que ce quotient
                 est trop fort; car 9 fois 8 font 72 qu'il fau‑
drait retrancher de 81, il y a donc 8 à retenir : 9 fois 3, 27
et 8, 35 nombre plus grand que 29. On voit de même que 8
est encore trop fort; il faudra essayer 7. Comme cet essai
réussit, on écrit 7 au quotient et on termine la division à l'or‑
dinaire.

Remarque IV. Le reste trouvé doit toujours être plus
petit que le diviseur; s'il lui est égal ou supérieur, c'est que
le chiffre employé est trop petit. Il faut l'augmenter jusqu'à
ce que le reste devienne plus petit que le diviseur.

67. 2ᵉ Cas. *Le dividende et le diviseur sont quel‑
conques, et le quotient a plusieurs chiffres.* Ex. 71 892
par 85.

Remarque. On voit que le quotient a plusieurs chiffres
lorsque le dividende est plus grand que 10 fois le diviseur.

Règle. *On place le dividende et le diviseur comme il a été indiqué (n° 66). Cela fait on prend sur la gauche du dividende assez de chiffres pour avoir un nombre au moins égal à 1 fois le diviseur, mais qui ne le contienne pas 10 fois. On a ainsi un 1ᵉʳ dividende partiel qu'on divise par le diviseur, ce qui donne le chiffre des plus hautes unités du quotient. On multiplie le diviseur par ce chiffre, on retranche le produit du 1ᵉʳ dividende partiel. A la droite du reste on abaisse le chiffre suivant du dividende total. On a un second dividende partiel sur lequel on opère comme sur le 1ᵉʳ. L'opération se continue de même jusqu'à ce que les chiffres du dividende total aient été tous abaissés et employés.*

Il peut arriver qu'un dividende partiel se trouve plus petit que le diviseur. D ns ce cas on met un zéro au quotient et on abaisse le chiffre suivant du dividende total. On a alors un nouveau dividende partiel qu'on divise par le diviseur.

Appliquons cette règle aux exemples suivants :

	EXEMPLE I.	EXEMPLE II.
Dividende total	71 892 | 85	Division simplifiée
	68 0 | ‾‾‾‾	
	845	66 907 | 219
1ᵉʳ divid. part.	3 89	1 207 | 305
	3 40	112
	‾‾‾‾	
	492	
	425	
	‾‾‾	
	67	

Ex. 1. Les deux premiers chiffres sur la gauche du dividende ne suffisant pas pour contenir le diviseur, on en prend trois et on divise718 par 85 (2ᵉ cas). En 71 combien de fois 8? il y est 8 fois. Je multiplie le diviseur 85 par 8, et je retranche le produit de 718, il reste 38. J'abaisse le chiffre suivant du dividende total et je divise 389 par 85. En 38 combien de fois 8? Il y est 4 fois. Je multiplie 85 par 4, je retranche le produit de 389, il reste 49. J'abaisse le dernier chiffre du dividende total, et je divise 492 par 85. En 49 combien de fois 8? Il y est 6 fois. Ce chiffre essayé (n° 66 R.III.) est trop fort; j'écris 5 au quotient. Je multiplie 85 par 5 et je retranche le produit de 492, il reste 67. Le dernier chiffre du dividende total ayant été abaissé et employé, la division

est terminéo. Le quotient de 71 892 par 85 est donc 845 et le reste 67.

Ex. II. Les trois premiers chiffres sur la gauche du dividende suffisant pour contenir le diviseur, on a 669 à diviser par 219 (2e cas). En 5 combien de fois 2? 3 fois. Je multiplie le diviseur 219 par 3 (Rem. II) et je retranche, à mesure que je l'effectue, le produit de 669, il reste 12. J'abaisse le chiffre suivant du dividende total. Le dividende partiel 120 se trouvant plus petit que le diviseur, j'écris 0 au quotient, j'abaisse le chiffre suivant du dividende total et je divise 1207 par 219 (2e cas). En 12 combien de fois 2? 5 fois. Je multiplie 219 par 5, et je retranche le produit de 1 207, il reste 112. Le dernier chiffre du dividende total ayant été abaissé et employé, la division est terminée. Le quotient de 66 907 par 219 est donc 305 et le reste 112.

68. Cas particulier. *Le diviseur n'a qu'un chiffre.* On abrége la division en opérant comme il suit. Supposons qu'on ait à diviser 75 854 par 8.

$$\begin{array}{r|l} 75\ 854 & 8 \\ \hline \textit{Quotient} \quad 9\ 481 & \\ \textit{Reste} \quad\quad 6 & \end{array}$$

On dit : en 75 combien de fois 8? 9 fois, pour 72 (8 fois 9, 72), il reste 3 (3 mille) qui valent 30 (30 centaines), et 8 font 38. En 38 combien de fois 8? 4 fois, pour 32, il reste 6 (6 centaines), qui valent 60 (60 dizaines) et 5 font 65. En 65 combien de fois 8? 8 fois, pour 64, il reste 1 (1 dizaine) qui vaut 10 (10 unités) et 4 font 14. En 14 combien de fois 8? 1 fois et il reste 6.

69. Preuve. *On multiplie le diviseur par le quotient, e on ajoute le reste au produit; si la somme est égale au dividende, on en conclut que l'opération est exacte.*

Voyez l'exemple :

$$\begin{array}{rr|l} 456\ 738 & & 734 \\ 16\ 33 & & \overline{622} \\ 1\ 658 & & 734 \\ 190 & & \overline{2488} \\ & & 1866 \\ & & 4354 \\ & & 190 \\ & & \overline{456738} \end{array}$$

70. Preuve par 9. On retranche le reste du dividende. Le résultat de cette soustraction doit être le produit du diviseur par le quotient. Il ne s'agit donc plus que de vérifier une multiplication, les deux facteurs sont le diviseur et le quotient trouvé; le produit, la différence qui existe entre le dividende et le reste de la division. On opère sur ces trois nombres comme il a été indiqué n° 55.

Appliquons cette règle à la division précédente. Je retranche du dividende le reste 190 ce qui donne 456 548. J'opère sur le diviseur j'ai 5. J'opère sur le quotient, j'ai 1. J'opère sur les restes ($5 \times 1 = 5$), j'ai 5. Enfin, j'opère sur 456 548, j'ai aussi 5. La division est exacte.

71. Usages. On fait une division :

1° Quand on veut partager un nombre en autant de parties égales qu'il y a d'unités dans un autre;

2° Quand on connaît la valeur de plusieurs objets, celle d'un seul et qu'on désire trouver le nombre d'objets;

3° Quand on veut connaître la valeur d'un objet connaissant le nombre et la valeur d'un certain nombre d'objets semblables;

4° Quand on veut rendre un nombre tant de fois plus petit;

5° Qand en général on est conduit par la résolution d'un problème à dire *tant de fois moins* ou *autant de fois tel nombre sera contenu dans tel autre autant il y aura de telle chose.*

72. Principe. *Le quotient d'une division ne change pas lorsqu'on multiplie ou qu'on divise le dividende et le diviseur par un même nombre ; mais le reste, s'il y en a un, est multiplié ou divisé par ce nombre.*

En effet, soit 32 à diviser par 6, le quotient est 5, il reste 2, et l'on a : $32 = 6+6+6+6+6+2$. On a aussi $320 = 60+60+60+60+60+20$. Mais 320 c'est le dividende multiplié par 10, 60 le diviseur multiplié également par 10, et 20 le reste multiplié par 10. Cette dernière égalité montre que le nouveau dividende 320 contient aussi 5 fois le nouveau diviseur 60, mais que le reste est multiplié par 10.

Questionnaire. *Qu'est-ce que la division ? — Combien de cas dans la division? — Quel est le 1er cas? — Quel est le 2e cas? — Enoncez la règle pour faire les divisions du 2e cas. — Quel est le 5e cas? — Enoncez la règle pour faire les divisions du 5e cas. — Comment fait-on la preuve de la division? — Quand fait-on une division. — Qu'arrive-t-il lorsqu'on multiplie ou qu'on divise le dividende et le diviseur par un même nombre?*

Exercices sur la division

Le signe de la division est ⁝, ainsi 8 ⁝ 4 se lit 8 divisé par 4.

256. 54 ⁝ 3 ; 424 ⁝ 4 ; 540 ⁝ 5 ; 692 ⁝ 9 ; 564 ⁝ 6, 960 ⁝ 8 ; 2 184 ⁝ 7.
257. 56 ⁝ 5 ; 248 ⁝ 3 ; 357 ⁝ 4 ; 561 ⁝ 6 ; 894 ⁝ 8 ; 892 ⁝ 9 ; 1 521 ⁝ 7.
258. 44 ⁝ 11 ; 64 ⁝ 16 ; 256 ⁝ 64 ; 728 ⁝ 12 ; 247 ⁝ 13 ; 494 ⁝ 19.
259. 54 ⁝ 12 ; 103 ⁝ 18 ; 317 ⁝ 28 ; 6 532 ⁝ 45 ; 4 732 ⁝ 37.

260. 7 643 : 32 ; 4 845 : 312 ; 56 328 : 427 ; 654 347 : 3 456.

261. 34 743 : 602 ; 138 004 : 3 701 ; 8 608 402 : 31 006.

262. Pour 184 fr , combien d'hectolitres de blé à 23 fr.

263. Les tilleuls plantés en ligne sont généralement espacés de 7 m. : combien peut-on en planter sur une ligne de 88 mètres ?

264. Une personne imprévoyante dépense tout son revenu annuel qui se monte à 840 fr. : combien dépense-t-elle par mois ?

265. Combien de jours dans 168 heures ?

266. Il faut généralement 19 litres de pommes de terre pour ensemencer un are : combien pourra-t-on ensemencer d'ares avec 342 litres ?

267. On admet généralement qu'une ruche doit donner 14 fr. de bénéfice net : combien en faudrait-il pour produire 350 fr. ?

268. 59 kg. de pommes de terre peuvent produire 885 kg. : quel est alors le rendement par kg. de semence ?

269. Un hectolitre de chénevis pèse 53 kg. : combien y a-t-il d'hectolitres dans 689 kg. de graines ?

270. On compte, en France, un décès par 44 habitants et par an : combien de décès doit-il y avoir par an à Nancy, ville de 49 993 habitants ?

271. Il y a, en France, une naissance annuelle sur 38 habitants : combien de naissances à Lyon, ville de 323 954 habitants ?

272. Sur 114 habitants on compte à peu près un jeune homme soumis à la conscription : combien de noms sur la liste du tirage à Toulouse qui compte 126 936 habitants ?

273. Il y a un député au Corps législatif par 35 000 électeurs et un de plus dans chaque département lorsque l'excédant est de 17 500 : combien de députés dans le département du Nord, dont le nombre d'électeurs est de 416 624 ?

274. Un bœuf qui a consommé pendant la durée de son engraissement *l'équivalent* de 2 117 kg. de foin, a gagné en poids 105 kg. : combien a-t-il fallu de kg. de foin pour produire 1 kg. d'augmentation en poids ?

275. Le son parcourt 337 mètres par seconde. On est éloigné de 4 260 mètres d'un canon : on demande au bout de combien de temps on entendra l'explosion.

276. Un facteur rural fait en moyenne 37 km. par jour : au bout de combien de jours le chemin total parcouru serait-il équivalent à la longueur du tour de la terre qui est de 40 000 kilomètres ?

Problèmes de Récapitulation

277. Un ouvrier fait le dimanche une demi-journée qui lui rapporte 2 fr. ; le lundi qu'il passe à ne rien faire, il dépense 3 fr. S'il revenait au repos du dimanche et au travail du lundi, au bout de combien de temps aurait-il épagné le prix d'une couchette valant 45 fr. et d'une douzaine de chaises à 2 fr. l'une.

278. En se transformant en charbon, le bois se réduit moyennement au 5e (1) de son poids : combien faudra-t-il de stères de bois de hêtre pesant 450 kg. l'un pour obtenir 1 170 kg. de charbon ?

(1) Prendre le tiers, le quart, le cinquième... d'un nombre revient à le diviser par 3, ou par 4, ou par 5...

279. Avant que la boulangerie fût libre, le sac de farine de 157 kg. était à Paris censé fournir 102 pains de 2 kg. : combien dans ce cas faudrait-il de sacs de farine pour 1 224 pains?

280. La charge ordinaire d'une brouette est de 70 kg. ; combien faudrait-il de brouetteurs faisant chacun 65 voyages par jour pour enlever en un jour une masse de terre argileuse de 51 mètres cubes pesant chacun 1 925 kg. ?

281. En semant en lignes de l'avoine d'hiver sur un champ de 4 hectares à raison de 165 litres par hectare, on a économisé 220 litres sur la quantité qu'on aurait employée si l'on avait semé à la volée : quel est le nombre de litres que demande le semis à la volée?

282. Un garçon d'écurie négligent laisse perdre sur la nourriture des chevaux une quantité d'avoine et de foin telle qu'il en résulte une perte de 1 fr. en 2 jours : combien en 4 mois ce domestique a-t-il fait perdre à son maître par sa négligence?

283. L'hectolitre de pommes pèse 59 kg. ; d'autre part, pour obtenir 1 hectolitre de cidre il en faut 6 de pommes, combien d'hectolitres de cidre pourra-t-on obtenir avec le chargement d'un wagon pesant 5 000 kg. ?

284. Les machines à vapeur consomment moyennement 5 kg. de houille par cheval-vapeur et par heure. De combien de mètres cubes de houille doit se composer au moins la provision d'un navire dont la machine est de 250 chevaux et qui doit rester 12 jours en mer sans aborder? Le mètre cube de houille pèse 800 kg.

285. L'hectolitre de blé fournit en moyenne 75 kg. de pain. Quel est le nombre d'hectolitres nécessaires à la consommation pour 25 jours d'une compagnie de 96 hommes. On sait que pour 4 hommes la consommation est de 3 kg. par jour.

286. Si une vache n'avait d'autre nourriture que du foin, elle en consommerait annuellement 12 fois son propre poids. Un fermier qui a 14 vaches pesant moyennement 325 kg. se propose de leur donner en foin pendant 6 mois la moitié de leur nourriture et d'y employer la récolte faite sur une portion d'un pré naturel de 3e classe dont l'are ne donne que 25 kg. de foin. Quel est au moins le nombre d'ares du pré qu'il devra réserver à cet usage?

287. Un ouvrier a travaillé pendant 9 mois et 26 jours par mois, combien gagnait-il par jour sachant qu'il a reçu 702 fr. ?

288. Un chargement de blé pèse 900 kg., quelle est sa valeur dans le cas où l'hectolitre pèse 75 kg. et se vend 24 fr. ?

289. Le porc anglais de 1re qualité perd à l'abattage un cinquième de son poids en os, issues, etc., combien de porcs de 120 kg. l'un faut-il abattre pour avoir 1 056 kg. de viande nette?

290. Deux ouvriers se présentent pour moissonner un champ de blé de 360 ares : le premier prendra 5 fr. par jour et fauchera 60 ares ; le second prendra 2 fr., mais, se servant de la faucille, ne moissonnera que 19 ares. Quelle est l'offre la plus avantageuse et combien gagnera-t-on en l'acceptant?

291. La garance se sème à 70 kg. par hectare sur les terrains neufs (qui n'en ont pas encore produit) et légers, à 120 kg. sur les terrains vieux (qui en ont déjà produit). Quel poids faudra-t-il pour un champ de 15 hectares dont un tiers en terrain neuf, le reste en terrain vieux.

292. Le blé engrangé rend moyennement 30 kg de grain par mètre cube : combien de sacs de blé de 120 kg. peut-on obtenir par le battage d'un gerbier de 61 mc.? Le blé se vendant sur place 22 fr. les 100 kg : combien, à 1 fr. près, retirera-t-on de ce gerbier?

Calcul mental

73. Les principes suivants sont de quelque utilité pour le calcul mental appliqué à la division.

I. *Le quotient ne change pas lorsqu'on rend le dividende et le diviseur un certain nombre de fois plus grand ou plus petit.* EXEMPLE. 72 à diviser par 24. En rendant les deux nombres chacun 4 fois plus petit, j'ai à diviser 18 par 6, le quotient est 3.

II. *Pour diviser une somme par un nombre, il suffit de diviser toutes les parties de la somme par ce nombre.* EXEMPLE. 5 075 divisé par 25. On divise 5 000 par 25, le quotient est 200. On divise ensuite 75 par 25, le quotient est 3. Par suite le quotient de 5 075 par 25 est égal à 203.

III. *Pour diviser un nombre par un produit, il suffit de diviser le nombre par un facteur du produit, le quotient par un second facteur, et ainsi de suite, jusqu'à ce que tous les facteurs du produit soient épuisés.* EXEMPLE. 120 à diviser par 30. $30 = 2 \times 3 \times 5$. On divise 120 par 2, le quotient est 60. On divise ensuite 60 par 3, le quotient est 20. On divise enfin 20 par 5, le quotient est 4. Par conséquent le quotient de 120 par 30 est 4.

Exercices

293. Quelle est la moitié de 6, de 14, de 18, de 24, de 30 ?
294. Quel est le tiers de 6, de 9, de 15, de 21, de 27, de 33, de 66 ?
295. Quel est le quart de 20, de 28, de 32, de 48, de 64, de 128 ?
296. Quel est le 5ᵉ de 15, 25, 40, 55, 70, 75, 90, 105 ?
297. Quel est le 6ᵉ de 24, 36, 48, 60, 78, 84, 126 ?
298. Quel est le 7ᵉ de 28, 35, 49, 63, 77, 91, 168 ?
299. Quel est le 8ᵉ de 24, 40, 56, 72, 80, 96, 120, 168 ?
300. Quel est le 9ᵉ de 36, 54, 72, 99, 152, 207, 405 ?

301. Par quel nombre faut-il multiplier 8 pour avoir 24, 40, 72 ?
302. Combien aura-t-on de volumes à 2 fr. pour 28, 42 fr. ?
303. Combien aura-t-on de mètres de toile à 3 fr. pour 36, 54, 96 fr. ?
304. Combien aura-t-on de mètres de drap à 15 fr. pour 60 fr. ?
305. Combien 4 est-il de fois plus petit que 36, 44, 64, 88, 132 ?

306. Un jeune homme a 16 ans, sa sœur a le quart de son âge : quel est l'âge de cette enfant ?
307. 4 chemises ont coûté 20 fr. : quel est le prix de 12 chemises ?
308. Un mouton coûte 25 fr. : combien de moutons pour 375 fr. ?
309. 5 pantalons ont coûté 60 fr. : quel est le prix de 12 pantalons ?
310. Combien faut-il de pièces de 10 fr. pour payer un mouton de 30 fr., une vache de 200 fr. et un cheval de 450 fr. ?

DIVISIBILITÉ

74. Multiples. *On appelle multiple d'un nombre le produit de ce nombre par un nombre entier quelconque.* Ainsi 28, produit de 7 par 4, est un multiple de 7.

75. Facteur ou diviseur. Un nombre est divisible par un autre quand la division du premier par le second se fait sans reste. Le second nombre est dit *facteur* ou *diviseur* du premier. Ex. 28 est divisible par 4 et par 7; les nombres 4 et 7 sont des facteurs ou des diviseurs de 28.

76. Nombre premier. Tout nombre qui n'est divisible que par lui-même et par l'unité est *un nombre premier*. Ex. 1, 2, 3, 5, 7, 11, sont des nombres premiers.

77. Nombres premiers entre eux. Les nombres premiers entre eux sont ceux qui n'ont pas d'autre diviseur commun que l'unité. Ex. 2 et 9, 4 et 15.

Nota. Tout chiffre divisible par **2** est un chiffre *pair* : **2, 4, 6, 8** sont des chiffres pairs.

78. Divisibilité par 2. *Un nombre est divisible par 2 quand il est terminé par 0 ou par un chiffre pair.* Ex. 620, 1 324 sont divisibles par 2.

79. Divisibilité par 3. *Un nombre est divisible par 3 lorsque la somme de ses chiffres est divisible par 3.* Ex. 471 est divisible par 3, car la somme de ses chiffres ($4+7+1=12$) est divisible par 3; mais 587 ne l'est pas, car la somme, $5+8+7=20$ n'est pas divisible par 3.

80. Divisibilité par 4 et par 25. *Un nombre est divisible par 4 ou par 25 lorsqu'il est terminé par deux zéros ou par deux chiffres formant un nombre divisible par 4 ou par 25.* Ex. 1 900 et 4 728 sont divisibles par 4, mais 214 ne l'est pas. 47 600 et 175 sont divisibles par 25, mais 8 735 ne l'est pas.

81. Divisibilité par 5. *Un nombre est divisible par 5, lorsqu'il est terminé par un 0 ou par un 5.* Ex. 620 et 95 sont divisibles par 5.

82. Divisibilité par 9. *Un nombre est divisible par 9 lorsque la somme de ses chiffres est divisible par 9.* EXEMPLE. 78 453 est divisible par 9, car la somme, $7+8+4+5+3=27$, est divisible par 9, mais 9 345 ne l'est pas, car la somme $9+3+4+5=21$ n'est pas divisible par 9.

83. Divisibilité par 10, 100... *Un nombre est divisible par 10, 100... lorsqu'il est terminé par 1, 2... zéros.* Ex. 62 500 est divisible par 10 et par 100.

84. Divisibilité par 6, 15, 18... *Tout nombre divisible en même temps par deux nombres premiers entre eux est divisible par leur produit.*

Ainsi, un nombre divisible en même temps par 2 et par 3 est divisible par 6. Ex. 732 divisible par 2 et par 3 est divisible par 6. Un nombre divisible par 3 et par 5 l'est par 15, celui qui l'est par 2 et par 9 l'est par 18, etc.

Exercices

311. Ecrire 4 nombres divisibles par 2; 4 divisibles par 3, et 4 divisibles par 5.

312. Ecrire 3 nombres divisibles par 4, et 3 divisibles par 25.

313. Ecrire 4 nombres divisibles par 9 et terminés par 1.

314. Ecrire 5 nombres divisibles par 10 et 5 divisibles par 100.

315. Ecrire 3 nombres divisibles par 6, — 15, — 18, — 45.

CHAPITRE III

NOMBRES DÉCIMAUX

85. Parties décimales. *On appelle parties décimales de l'unité les parties que l'on obtient en divisant l'unité en 10, ou en 100, ou en 1 000.... parties égales.*

86. Formation des parties décimales. On a partagé l'unité en 10 parties égales ou *dixièmes*, le dixième en 10 parties égales ou *centièmes*, le centième en 10 parties égales ou *millièmes*, ainsi de suite. Après les millièmes viennent les *dix-millièmes*, les *cent-millièmes*, etc.

Les parties décimales s'écrivent à la droite des unités simples, dont on les sépare par une virgule. Ex. 64,25.

87. Dans un nombre tel que 64,25, on distingue la *partie entière* et la *partie décimale* : 64 est la partie entière et 25 la partie décimale.

Lorsque le nombre ne contient que la partie décimale, on remplace la partie entière par un zéro. Ex. 0,847.

88. Nombre décimal. *On appelle nombre décimal tout nombre plus grand que l'unité et qui contient une partie décimale.* Ex. 45,725.

89. Fraction décimale. *On nomme fraction déci-*

male tout ensemble de parties décimales plus petit que l'unité.
Ex. 0,735.

90. Ordres dans les nombres décimaux.
Les dixièmes sont les parties décimales du 1ᵉʳ ordre, les centièmes celles du 2ᵉ, les millièmes celles du 3ᵉ, etc,

91. Loi fondamentale de la numération décimale. D'après ce qui précède, la loi fondamentale de la numération des nombres entiers s'applique aussi aux parties décimales : 10 unités d'un ordre décimal quelconque valent une unité de l'ordre immédiatement supérieur ; ainsi 10 millièmes font 1 centième, 10 centièmes font 1 dixième, etc. Il résulte de là que ce que nous avons à dire sur les nombres décimaux aura beaucoup d'analogie avec ce que nous avons dit jusqu'ici sur les nombres entiers.

92. Manière d'écrire les nombres décimaux. — Règle. *On écrit d'abord la partie entière, puis une virgule, puis enfin la partie décimale. Les 10ᵉˢ doivent occuper la 1ʳᵉ place à droite de la virgule, les 100ᵉˢ la 2ᵉ, les 1 000ᵉˢ la 3ᵉ, et ainsi de suite. On remplace par des zéros les ordres manquants, de manière que chaque chiffre se trouve à la place qu'il doit occuper.*

Pour appliquer cette règle, nous nous servirons d'un tableau analogue à celui que nous connaissons déjà.

MILLE			UNITÉS SIMPLES						
C	D	U	C	D	U	*d*	*c*	*m*	*dm cm…*
			6	3	9	,	4	5	
				2	6	,	0	3	4
					0	,	0	2	5

Remarque. *d* signifie dixième, *c*, centième, *m*, millième, *dm*, dix-millième, *cm*, cent-millième, etc.

Soient à écrire les nombres suivants :

Ex. 1. *638 unités 45 centièmes.* On écrira d'abord la partie entière ou 638 unités, puis une virgule. Les centièmes devant se trouver au 2ᵉ rang, on écrira 4 sous le *d*, et 5 sous le *c* ; on aura 638,45.

Ex. 11. *26 unités 34 millièmes.* Le chiffre 4 doit se trouver au 3ᵉ rang après la virgule ; on met un zéro à la place des dixièmes ; on aura 26,034.

Ex. III. *25 millièmes.* La partie entière manquant, on la remplace par un zéro, d'ailleurs les millièmes devant se trouver à la 3e place, on écrira 0,025.

93. Manière de lire un nombre décimal. Règle. *On énonce d'abord la partie entière, puis la partie décimale comme un nombre entier en lui donnant le nom des unités du dernier chiffre à droite. Pour trouver ce nom, on dit chiffre à chiffre, à partir de la virgule, dixième, centième, etc. Si les chiffres décimaux sont nombreux, on va plus vite en séparant par la pensée à partir de la gauche, la partie décimale en tranches de trois chiffres ; la 1re tranche est celle des millièmes, la 2eme celle des millionnièmes, etc.*

Ex I. *92,53.* En partant du chiffre 5 et en allant vers la droite, on dira : sur le chiffre 5, *dixième,* sur le chiffre 3, *centième.* Le chiffre 3 occupant le rang des centièmes, on lira : *92 unités 53 centièmes.*

Ex. II. *439,8253* se lit *439 unités 8253 dix-millièmes* ou encore *439 unités 825 millièmes 3 dix-millièmes.* Cette méthode est commode mais, peu employée ; en voici encore une autre, également peu employée.

On lit la partie entière, puis la partie décimale chiffre à chiffre. Ex. 3, 658 peut se lire : 3 unités, 6 dixièmes, 5 centièmes, 8 millièmes.

94. Principe. *Un nombre décimal ne change pas de valeur quand on écrit ou qu'on efface des zéros sur sa droite.* Ex. 4,27=4,27000.

En effet, dans le second nombre, comme dans le premier, nous n'avons que 4 unités, 2 dixièmes et 7 centièmes, car 0 millième, etc. n'ajoutent rien.

95. Manière de rendre un nombre décimal 10, 100, 1 000... fois plus grand. *On rend un nombre décimal 10, 100, 1 000... fois plus grand en avançant la virgule de 1, 2, 3... rangs.*

Ex. 7,645. Si l'on avance la virgule de 2 rangs, on obtient 764,5, nombre 100 fois plus grand. En effet, toutes les parties du premier nombre ont été rendues 100 fois plus grandes, donc le nombre lui-même a été rendu 100 fois plus grand.

96. Manière de rendre un nombre décimal 10, 100, 1 000... fois plus petit. *On rend* *un nombre décimal 10 , 100 , 1 000 fois plus petit ; en reculant la virgule de 1, 2, 3... rangs.*

EXEMPLE. 4 593,5. Si l'on y recule la virgule de 3 rangs, on obtiendra 4,5935 , nombre 1 000 fois plus petit que le nombre donné (même démonstration que la précédente).

97. Manière de rendre un nombre entier 10, 100, 1 000... fois plus petit. *On rend un nombre entier 10 , 100 , 1 000 fois plus petit, en séparant par une virgule 1, 2, 3... chiffres sur sa droite.*

EXEMPLE. 65 435. Si l'on y sépare 2 chiffres sur la droite, on obtiendra 654,35, nombre 100 fois plus petit (Démonstration du n° 95).

Questionnaire. *Qu'appelle-t-on parties décimales ? — Expliquez la formation des parties décimales. — Où s'écrivent les parties décimales ? — Qu'appelez-vous partie entière, partie décimale ? — Quelle est la loi fondamentale de la numération décimale ? — Énoncez la règle pour écrire les nombres décimaux. — Indiquez le tableau dont on peut faire usage. — Énoncez la règle pour lire un nombre décimal. — Que devient un nombre décimal lorsqu'on écrit ou qu'on efface des zéros sur sa droite ? — Comment rend-on un nombre décimal 10, 100, 1 000... fois plus grand ? — 10, 100, 1 000... fois plus petit ? — Comment rend-on un nombre entier 10, 100, 1 000... fois plus petit ?*

Exercices

316. Nommer les unités du 1er, du 3e, du 4e, du 7e ordre décimal.

317. A quels rangs après la virgule se trouvent les chiffres des centièmes, des dix-millièmes, des millionièmes ?

318. Combien une dizaine vaut-elle de centièmes, de dix-millièmes ?

Nombres à écrire en chiffres

319. — 38 unités 2 dixièmes; 528 unités 47 centièmes ; 97 unités 25 millièmes ; 45 centièmes ; 103 unités 43 dix-millièmes.

320. — 3003 unités 635 dix-millièmes; 64 millièmes; 125 billionièmes.

321. — 528 unités 47 millièmes ; 733 millionièmes ; 637 unités 342 billionièmes.

322. — 64 mille 22 unités 34 millièmes 2 dix-millièmes ; 6 millions 3 unités 47 centièmes.

Nombres à lire ou écrire en toutes lettres

323. — 15,62 ; 1,763 ; 186,05 ; 2,0434 ; 23,0049.

324. — 0.23 ; 0,4003 ; 0,0609 ; 0,00085 ; 0,040093.

325. — 0,4500 ; 0,450009 ; 5,063 ; 0,4709 ; 60,005.

326. Rendez 100 fois plus grand chacun des nombres : 957,553 ; 5,2905, 67,5743 ; 64,853 ; 3,6009 ; 4,65, et énoncez les résultats.

327. Rendez chacun des mêmes nombres 100 fois plus petit et énoncez les résultats.

Nota. Le 0,1 du franc s'appelle *décime*, le 0,01, *centime*. Le 0,1 du mètre s'appelle *décimètre*, le 0,01, *centimètre*. Le 0,1 du litre s'appelle *décilitre*, le 0,01, *centilitre* (1).

Calcul mental

328. A 0ᶠ,01 la bille, combien 10 ?
329. A 0ᶠ,05 le *bâtonnet* (règle carrée), combien 10 ?
330. A 0ᶠ,20 la règle, combien 10 ?
331. A 1ᶠ,50 le canif, combien 10 ?
332. A 1ᶠ,25 le cent de pommes, combien la pomme, combien 10 ?
333. A 30 fr., les 100 kg. de blé, combien le double décalitre pesant 15 kg ?
334. A 85 fr. les 1000 kg. de foin, combien la botte de 10 kg. ?
335. A 140 fr. les 100 kg. de sucre, combien le kg. ?
336. A 95 fr. les 100 kg. d'huile, combien le kg. ?

ADDITION DES NOMBRES DÉCIMAUX

98. Règle. *On écrit les nombres les uns sous les autres, de manière que les unités de* **même ordre** *soient dans une même colonne verticale, ce qui se fait en plaçant les virgules les unes sous les autres. Puis on fait l'addition comme celle des nombres entiers sans avoir égard à la virgule. Lorsque la somme est trouvée, on met une virgule sous la colonne des virgules, ou, ce qui revient au même, on sépare sur la droite de la somme autant de chiffres décimaux qu'il y en a dans celui des nombres additionnés qui en contient le plus.*

EXEMPLE.

```
  824,578
   32,4
  354,627
    8,249
---------
 1219,854
```

En commençant par la droite, on dit : 8 et 7, 15, et 9, 24 (24 millièmes ou 2 centièmes 4 millièmes), j'écris 4 et retiens 2 ; 2 et 7, 9, et 2, 11, et 4, 15 ; j'écris 5 et retiens 1 ; 1 et 5, 6, etc.; on continue ainsi de colonne en colonne jusqu'à la dernière.

Il faut séparer trois chiffres sur la droite de la somme, car (n° 94) 32, 4 égalant 32,400, j'ai additionné des millièmes, la somme 1 219 854 exprime donc des millièmes, ce qui fait 1 219,854 (n° 93).

Questionnaire. *Énoncez la règle d'addition des nombres décimaux.*

Exercices

337. — 637,35+42,533+589,3578+9,624+0,0052.
338. — 1,3489+3,04709+26,043+0,7304+0,035809.
339. — 48,3509+0,0025+0,100342+0,38045+0,052803.

(1) Le décime, le décimètre et le décilitre tombent de plus en plus en désuétude (n°s 122 et suivants).

340. Un marchand a vendu une 1re fois 17m,20 de drap, une 2e, 10m,50, et une 3e 19m,50 ; combien a-t-il vendu de mètres en tout ?

341. Une personne doit 58 fr., 50 à son boulanger, 38 fr., 75 à son boucher, et 30 fr., 40 à son marchand de vin : combien doit-elle à ces trois fournisseurs ?

342. Trois propriétés ont produit : la 1ro 25hl,75 de blé, la 2e 15hl,85, la 3e 18hl,30 : combien d'hectolitres en tout ?

343. Un ouvrier a travaillé 4 mois dans une maison : le 1er mois il a économisé 28 fr., 75 ; le 2e, 19 fr., 25 ; le 3e, 23 fr., 50, et le 4e, 25 fr., 80: combien a-t-il économisé en tout ?

Calcul mental

344. Un petit garçon a acheté 2 cahiers pour 0 fr., 20, des plumes pour 0 fr., 05 un bâtonnet pour 0 fr., 05 et a donné 0 fr., 05 à un pauvre : combien a-t-il dépensé en tout ?

345. Un orphelin très-pauvre vend le lundi un fagot de bois sec 0 fr., 25 ; le mardi 2 fagots, l'un 0 fr., 25, et l'autre 0 fr., 20 ; le mercredi de la chicorée sauvage et des pissenlits pour 0 fr., 45 : quelle ressource lui a procurée son activité ?

346. Un élève peu soigneux a laissé tomber son encrier sur son livre, le livre a été mis hors de service et l'encrier s'est brisé. Dans la même semaine son équerre a été cassée sous les pieds de ses condisciples, et il a gaspillé pour 0 fr., 05 de plumes. L'encrier plein valait 0 fr., 15, le livre 0 fr., 30, et l'équerre 0 fr., 30, et l'équerre 0 fr., 25 : combien la semaine de cet étourdi a-t-elle coûté à ses parents ?

347. Un jardinier a vendu au marché des carottes pour 0 fr., 80 ; des navets pour 0 fr., 50, de la salade pour 1 fr., 15, des pommes de terre pour 1 fr., 50, de l'oseille pour 0 fr., 20, des oignons pour 1 fr., 40 : à combien se monte sa recette ?

348. Un ouvrier qui gagne 3 fr. par jour est resté oisif le lundi ; il a dépensé en outre 3 fr., 25 au cabaret en vin et eau-de-vie, il a fumé pour 0 fr., 30 de plus que d'habitude et a perdu au jeu 2 fr., 40 : on demande combien a coûté à cet imprévoyant ouvrier l'oubli de ses vrais intérêts ?

SOUSTRACTION DES NOMBRES DÉCIMAUX

99. Règle. *On écrit le plus petit nombre sous le plus grand, de manière que les unités de même ordre soient les unes sous les autres. Puis on fait la soustraction comme celle des nombres entiers, sans avoir égard à la virgule. Lorsque le résultat est trouvé, on met une virgule sous les virgules des nombres, ou ce qui revient au même, on sépare sur la droite du résultat autant de chiffres décimaux qu'il y en a dans celui des nombres proposés qui en contient le plus.*

EXEMPLE I.	EXEMPLE II.	EXEMPLE III.
874,28	563,274	9 287,500
58,32	47,380	739,835
815,96	515,894	8 547,665

Ex. I. En commençant par la droite, on dit : 2 et 6, 8 ; 3 et 9, 12, etc. On continue ainsi en procédant de même qu'au n° 39.

Il faut séparer deux chiffres sur la droite du résultat, car ayant retranché l'un de l'autre deux nombres de centièmes, la différence, 81 596, exprime des centièmes, ce qui fait 815,96 (n° 93).

On opère de même sur les exemples II et III.

Remarque. Lorsque le nombre supérieur contient moins de chiffres décimaux que le nombre inférieur, *on peut* y suppléer par des zéros (n° 96) : au lieu de 9 287,5 (Ex. III.) nous avons écrit 9 287,500.

Questionnaire. *Énoncez la règle de soustraction des nombres décimaux.*

Exercices

349. 34,75—23,42 ; 47,65—38,90 ; 67,51—29,65 ; 80,30—59,45.

350. 123,18—96,56 ; 307,215—199, 83 ; 511,05—275,907.

351. 4032—1678,24 ; 15009,507—3902 ; 97386,95—57007,389.

352. Sur un tas de blé de 28 hl. on a pris 14hl,60 : que reste-t-il ?

353. Un pain de sucre pèse *brut* 7kg,500 ; le papier et la ficelle pèsent 0kg,105 : quel est le poids *net* ?

354. Sur un champ de 1ha25a85ca, il y a 75 a. de moissonnés : quel travail reste-il à faire ?

355. Pour faire un treillage il faut 10 kg. de fil de fer ; on a déjà 5kg,950 : combien en faut-il encore ?

356. Le poids des imprimés et papiers d'affaires confiés à la poste ne doit pas dépasser 3 kg. ; des paquets d'imprimés pèsent 2kg,455 : combien pourront peser ensemble la ficelle et le papier servant à les envelopper ?

357. Une personne qui reçoit une traite de 141f,30, n'a que 105f,40 : combien lui faut-il encore pour solder la traite ?

358. Un flacon d'*acide azotique* (ou *nitrique*), ou encore vulgairement *eau forte* (liquide servant à nettoyer les métaux), pèse plein 1kg,150 ; vide, 0kg,720 : on demande le poids du liquide.

359. Une servante a acheté du beurre pour 9f,25, des œufs pour 9f,40, de la salade pour 0f,30 : combien doit-elle rapporter sur 20 fr. qu'elle a reçus ?

360. L'enfant d'un commerçant achète 20 *timbres-poste* de 0f,01, 10 de 0f,05, 10 de 0f,10, et 10 de 0f,20 ; il donne une pièce de 5 fr. : combien doit lui rendre l'employé de la poste ?

361. Combien à rendre sur 5 fr. en livrant 1 kg. de sucre à 1 fr., 40 ?

362. Un marchand a vendu 12m,75 de toile sur une pièce de 102 mètres : combien en reste-t-il ?

363. Un enfant achète du sel pour 0 fr., 20, du café pour 0 fr., 50, du vinaigre pour 0 fr., 50, des allumettes pour 0 fr., 05 ; il donne une pièce de 2 fr. : combien doit-on lui rendre ?

364. Sur un coupon de drap de 2ᵐ,30 on a pris 1ᵐ,20 pour un pantalon et 0ᵐ,70 pour un gilet, combien reste-t-il encore ?

365. Une mère prend au chemin de fer une place pour elle-même au prix de 4ᶠ,25 et pour son enfant une demi-place de 2ᶠ,15 ; l'enregistrement de ses bagages coûte 0ᶠ,10. Combien lui restera-t-il sur une pièce de 10 fr.?

366. Une mère a acheté pour son fils un chapeau 5ᶠ,40, une cravate 1ᶠ,15 et un pantalon 8ᶠ,50 ; elle a donné 20 fr., combien à lui rendre ?

MULTIPLICATION DES NOMBRES DÉCIMAUX

100. Définition générale de la Multiplication. *La Multiplication est une opération qui a pour but de former un nombre appelé produit, avec un nombre nommé multiplicande de la même manière qu'un autre appelé multiplicateur est formé avec l'unité.*

D'après cette définition, si le multiplicateur contient une fois, deux fois, trois fois... l'unité, le produit contiendra une fois, deux fois, trois fois... le multiplicande; si au contraire le multiplicateur est la dixième, la centième... partie de l'unité, le produit sera la dixième, la centième... partie du multiplicande.

101. Règle. *On multiplie les deux nombres sans avoir égard aux virgules ; puis on sépare sur la droite du produit autant de chiffres décimaux qu'il y en a dans les deux facteurs.*

EXEMPLE I.

$$\begin{array}{r} 37,425 \\ 7 \\ \hline 261,975 \end{array}$$

Le produit de 37,425 par 7 est 261,975.

Démonstration. 37,425 = 37 425 millièmes.

Le multiplicateur contenant 7 fois l'unité, le produit contiendra 7 fois le multiplicande 37 425 millièmes. Je multiplie donc 37 425 par 7 et j'ai 261 975. Mais ayant répété des millièmes, j'ai obtenu des millièmes pour produit, or 261 975 millièmes = 261 unités 975 millièmes ou 261,975, résultat annoncé par la règle.

EXEMPLE II.

$$\begin{array}{r} 48,23 \\ 6,5 \\ \hline 24115 \\ 28938 \\ \hline 313,495 \end{array}$$

Le produit de 48,23 par 6,5 est 313,495.

Démonstration. 6,5 = 6 unités 5 dixièmes = 65 dixièmes.

e multiplicateur contenant 65 fois le dixième de l'unité, **le** roduit contiendra 65 fois le dixième du multiplicande 48,23. e dixième de 48,23 est 10 fois plus petit que ce nombre ou n° 96) 4,823. Il faut donc répéter 65 fois 4,823. Mais ,823=4 823 millièmes. Il faut par conséquent répéter 65 fois 823 millièmes, ou multiplier 4 823 par 65, ce qui donne 13 495. Ayant répété des millièmes, j'ai obtenu des illièmes pour produit. Or 313 495 millièmes=313 unités 95 millièmes ou 313,495. Ce résultat était prévu par la ègle, car il y a deux chiffres décimaux au multiplicande et n au multiplicateur, en tout trois.

EXEMPLE III.   0,478
                            0,08
                       0,03824

Le produit de 0,478 par 0,08 est 0,03824.

Démonstration. 0,08=8 centièmes de l'unité; le produit era les 8 centièmes de 0,478. Le centième est égal à ,00478=478 cent-millièmes; 8 fois 478 cent-millièmes =3 824 cent-millièmes ou 0,03824.

Questionnaire. *Donnez une définition générale de la multipli- ition. — Enoncez la règle de la multiplication des nombres décimaux. -Demontrez sur des exemples.*

Exercices

367. — 637,34 × 8; 5,0325 × 27; 65,045 × 6,75; 428,36 × 8,26.
368. — 5642,65 × 3,465; 0,6456 × 32; 684 × 0,009; 603,05 × 0,8.
369. — 34,632 × 0,068; 68,5601 × 3,645; 6009,5 × 0,365.

370. A 12 fr.,75 le mètre de drap, combien 7m,20?
371. Combien doit-on à un manœuvre pour 25 journées à 2f,25 l'une?
372. A 0f,40 la douzaine de crayons, combien la grosse (12 douzaines)?
373. A 12f,50 le stère de bois, combien 5st,8?
374. A 25f,75 les 100 kg. de blé, combien l'hectolitre pesant 77 kg.?
375. Combien 325 kg. de bois à 1f,90 les 100 kg?
376. A 38f,50 les 1 000 kg. de houille, combien 320 kg.?

377. L'échardonnage des blés coûte environ 2f,50 l'hectare, le fauchage es prairies naturelles 9f,50 : on demande ce qu'aura à recevoir du pro- iétaire un ouvrier dont les enfants ont échardonné un champ de ha,26, lui-même ayant fauché un pré de 2ha,37?
378. Les bœufs attelés à la charrue avancent de 0m,55 par seconde, re la longueur d'un sillon qu'une paire de bœufs tracera en 5 minutes.
379. Sur une route le bœuf avance de 0m,75 par seconde, une voiture ttelée de deux bœufs pourra-t-elle franchir en 3h20m une distance de 500 mètres?
380. Combien coûtera le soufrage d'une vigne de 1ha,80 de superficie?

Il a fallu 3 journées à 2 fr., 50, et chaque hectare a demandé 8 kg., 90 de soufre à 36 fr. les 100 kg.

381. Une famille qui a l'habitude de marquer ses dépenses, trouve qu'en moyenne elles s'élèvent par semaine pour le pain à 5 fr., 25, pour la viande à 3 fr., 50, pour le vin à 2 fr., 80, et à 4 fr., 20 pour les menues dépenses : combien cette famille dépense-t-elle par an ?

382. Le *métré* d'une charpente en chêne a donné 5^{mc},524 : on demande le prix et le poids de cette charpente, ce chêne travaillé et mis en place coûte 120 fr. et pèse 730 kg. le mètre cube.

383. Un ouvrier gagne 3 fr., 50 par jour et dépense 1 fr., 40 : combien aura-t-il économisé pendant le mois de juillet, sachant qu'il a chômé 6 jours ?

384. Un cultivateur achète du foin à raison de 42 fr. les 500 kg., et reçoit 52 bottes de 10 kg. au lieu de 50 ; un autre moins clairvoyant achète le foin botte par botte et paye chacune 0 fr., 85 : on demande ce que le premier aurait perdu s'il avait imité le second. On ne compte ni pour l'un ni pour l'autre le temps employé à aller chercher le foin.

385. Combien coûte l'ensemencement d'un champ de pommes de terre de 1^{ha},35 : on sait que par hectare le labour coûte 24 fr., la plantation 13 fr., 50, et qu'il faut 1 260 kg. de tubercules à 3 fr., 85 les kg.

386. Un cultivateur et un cordonnier petit propriétaire, son voisin, qui ont travaillé l'un pour l'autre, règlent leur compte à la fin de l'année. Le premier a donné 3 labours à diverses parcelles appartenant au second, contenant ensemble 1^{ha},12 ; le 1er labour a été estimé à raison de 26 fr. l'hectare, et chacun des deux autres à raison de 18 fr., 50 l'un ; il lui a fait en outre 8 voyages à 1 fr., 20. Le cordonnier, de son côté, a donné au cultivateur, pendant la fenaison et la moisson, 22 journées à 2 fr., 50 l'une ; il lui a livré en outre 2 paires de souliers, l'une à 14 fr. et l'autre à 9 fr., 50. Réglez le compte.

387. Une fermière a vendu au marché 242 kg. de pommes de terre à 3 fr., 70 les 100 kg.; 4 kg., 500 de beurre à 1 fr., 60 ; 7 kg., 250 de fromage à 0 fr., 40 ; 5 douzaines d'œufs à 0 fr. 55 ; 4 têtes de volaille à 1 fr., 60 l'une. Elle a dépensé pour elle-même 0 fr., 80, et pour son cheval 1 fr., 20. Disposez le compte par recettes et dépenses, puis indiquez l'excédant des recettes.

388. Combien doit à son meunier un fermier qui a fait moudre : 1° 180 kg. de blé et 145 kg. de seigle à 1 fr., 40 les 100 kg. pour l'un comme pour l'autre ; 2° 320 kg. d'orge à 1 fr., 10 les 100 kg.; en outre il lui a acheté 520 kg. de son à 12 fr., 50 les 100 kg.

389. Terminer la facture ci-dessous :

3 kg., 250 huile d'olives	à 1 fr., 80		
7 kg., 300 sucre	à 1 , 40		
4 kg., 500 bougie	à 2 , 20		
0 kg., 250 café	à 3 , 60		
6 kg., 600 savon	à 1 , 10		
8 kg., 500 sel	à 0 , 20		
Total. . . .			

390. En Normandie, le nombre de pommiers à cidre est généralement de 82 par hectare, et chaque pommier donne en moyenne 108 kg. de fruit, estimé 6 fr. les 100 kg. L'étendue d'un champ étant de 4^{ha},53, on demande : 1° son rendement en pommes ; 2° la valeur en argent de la récolte.

391. On achète à 21 fr., 50 les 1 000 kg. le chargement d'une voiture de bois, le poids brut est de 1 748 kg. La tare (poids de la voiture) est 542 kg. On demande : 1° le poids du bois acheté ; 2° son prix.

392. Dans certains villages on a la louable habitude de s'entr'aider gratuitement pour les transports qu'exigent les constructions ; un propriétaire fait construire une maison pour laquelle il lui faut 184 voyages à 1 fr., 25 chacun pour les moëllons ; 12 voyages à 4 fr., 50 chacun pour la pierre de taille ; 52 voyages à 0 fr., 50 pour la terre à mortier ; 8 voyages à 3 fr., 50 pour le sable ; 5 voyages à 2 fr., 50 pour la chaux , 15 voyages à 4 fr., 50 pour les bois de charpente ; 18 voyages à 3 fr., 25 pour la tuile ; 5 voyages à 3 fr., 25 pour les briques, les pavés, etc. D'un autre côté, il a réuni 11 fois à sa table ses 10 voisins obligeants, ce qui lui a occasionné une dépense de 15 fr. par repas. On demande : 1° le bénéfice fait par le propriétaire ; 2° ce que chacun des voisins aurait gagné s'ils n'avaient pas plus travaillé les uns que les autres et qu'ils se fussent fait payer aux prix courants.

Calcul mental

393. A 0 fr., 50 le litre de vin, combien coûteront 7 litres ?

394. Un kilogramme de sucre vaut 1 fr., 40 : combien vaudront 9 kg. ?

395. Un cahier coûte 0 fr., 15 : quel sera le prix de 4, — de 8, — de 12 cahiers ?

396. Pour payer une dette, on donne 24 fr., 50 et 6 hectolitres de blé à 19 fr., 50 : combien devait-on ?

397. Combien coûteraient 6 kg. de beurre à 0 fr., 80 le demi-kg. ?

398. On a acheté 7 kg. d'huile d'œillette à 1 fr., 90 le kg., et on donne 20 fr. : combien le marchand doit-il rendre ?

399. On vend 4 douzaines et demie d'œufs à 0 fr., 70 la douzaine : quelle somme doit-on recevoir ?

400. Une personne trouve dans sa bours 3 pièces de 20 fr., une de 10, 4 de 0 fr., 50 et 3 de 0 fr., 20 : combien a-t-elle en tout ?

401. Le poids brut d'une caisse de marchandises est 120 kg., celui de l'emballage (tare) 12 kg. : quelle est la valeur de ces marchandises à 6 fr., 50 le kg. ?

DIVISION DES NOMBRES DÉCIMAUX

Nous distinguons deux cas.

102. *1er cas. Division d'un nombre décimal par un nombre entier.* Ex. 478,27 : 59.

Règle. *Pour obtenir la partie entière du quotient, on divise la partie entière du dividende par le diviseur.*

Nota. Pour le cas où l'on veut tenir compte de la partie décimale, voir n° 104.

$$\begin{array}{r|l} 478 & 59 \\ \hline 6 & 8 \end{array}$$

D'après la règle je divise 478 par 59, ce qui donne 8. Le quotient de 478 par 59 est 8 et le reste 6. Le quotient de 478,27 par 59 est encore 8, car dans cette division le reste serait 6,27, nombre plus petit que 59

103. 2° cas. *Division d'un nombre décimal par un nombre décimal.*

Le dividende peut avoir moins de chiffres décimaux que le diviseur, ou en avoir le même nombre, ou davantage.

Règle. *1° Si le dividende a moins de chiffres que le diviseur, on écrit des zéros sur la droite du dividende de manière qu'il ait le même nombre de chiffres décimaux que le diviseur, on supprime ensuite les virgules, puis on fait la division comme celle des nombres entiers.*

2° Si le dividende et le diviseur ont le même nombre de chiffres décimaux, on supprime la virgule de part et d'autre, et on opère comme il vient d'être dit.

3° Enfin si le dividende a plus de chiffres décimaux que le diviseur, on supprime la virgule au diviseur et on avance la virgule au dividende d'autant de rangs qu'il y avait de chiffres décimaux au diviseur, c'est alors une division du 1er cas.

1° Ex. I. 45,39 à diviser par 0,028.

```
45,390 | 28
  17 3 | 1 621
    59 |
    30 |
     2 |
```

J'ajoute un zéro sur la droite du dividende pour qu'il y ait le même nombre de chiffres décimaux au dividende et au diviseur, puis je supprime la virgule de part et d'autre

et j'ai à diviser 45 390 par 28. Cette division donne 1 621 pour la partie entière du quotient.

Démonstration. En supprimant la virgule de part et d'autre, j'ai multiplié le dividende et le diviseur par 1 000, le quotient n'a pas changé (n° 72).

2° Ex. II. 57,62 à diviser par 3,45.

```
5 762 | 345
2 312 | 16
  242 |
```

Je supprime la virgule au dividende et au diviseur et j'ai 5 772 à diviser par 345. Cette division donne 16 pour la partie entière du quotient.

Démonstration. Le dividende et le diviseur ont été multipliés chacun par 100, donc le quotient n'a pas changé.

3° Ex. III. 85,7436 à diviser par 27,54.

```
8574,36 | 2754
  342 3 | 3
```

Je supprime la virgule au diviseur et j'avance la virgule au dividende de 2 rangs vers la droite, et j'ai alors à diviser 8 574,36 par 3 554, ce qui donne 3 pour la partie entière du quotient.

Démonstration. La même qu'au n° 102.

Remarque. Jusqu'ici nous n'avons encore appris à évaluer que la partie entière d'un quotient.

104. Évaluation d'un quotient en décimales. — Règle. *On prépare le dividende et le diviseur comme si l'on voulait obtenir la partie entière du quotient, puis on avance au dividende la virgule d'autant de rangs que l'on veut avoir de chiffres décimaux au quotient, en suppléant aux décimales par des zéros, si cela est nécessaire. Au quotient on sépare par une virgule le nombre voulu de décimales.*

Ex. 1. Trouver à 0,01 près le quotient de 8,4752 par 2,6.

$$\begin{array}{r|l} 8475,2 & 26 \\ 67 & \overline{3,25} \\ 155 & \\ 25 & \end{array}$$

Démonstration. Le quotient est le même que celui de 84,752 par 26 (n° 72). Le dividende 84,752, contient 8 475 centièmes. Or, 8 475 unités partagées (1) en 26 parties égales donnent 325 unités pour chaque partie, donc 8 475 centièmes partagés aussi en 26 parties égales donnent 325 centièmes ou 3,25 (n° 93).

Ex. 11. Trouver à 0,001 près le quotient de 6 par 7,

$$\begin{array}{r|l} 6\,000 & 7 \\ 6\ 0 & \overline{0,857} \\ 40 & \\ 50 & \\ 1 & \end{array}$$

6 unités valent 6 000 millièmes. Si je divise 6 000 millièmes par 7, le quotient exprimera des millièmes, puisqu'en partageant des millièmes en parties égales, on ne peut obtenir que des millièmes. Le quotient cherché est donc 857 millièmes ou 0,857 (u° 93).

Questionaire. *Enoncez les 2 cas de la division des nombres décimaux. — Donnez la règle pour le 1ᵉʳ cas et démontrez sur un exemple. — Enoncez la règle pour le 2ᵉ cas et démontrez. — Donnez la règle pour évaluer un quotient en décimales et démontrez.*

---

(1) Car la division est encore une opération qui a pour but de partager le dividende en autant de parties égales qu'il y a d'unités au diviseur.

Exercices

Divisions à effectuer : on évaluera chaque quotient jusqu'aux centièmes pour les n°s 402, 403, 404, et jusqu'aux millièmes pour les n°s 405, 406, 407.

402. $15 \div 7$; $128 \div 19$; $16,2 \div 3$; $12,40 \div 82$; $45,34 \div 17,33$.

403. $284,354 \div 29$; $47,62 \div 11,37$; $12,50 \div 43$; $27,82 \div 35,2$; $81,4 \div 91,5$.

404. $321,6584 \div 23,2$; $4,56 \div 0,051$; $67,4 \div 1,006$; $0,54 \div 2,1$; $42,1 \div 0,02$.

405. $0,45 \div 31$; $4,58 \div 0,467$; $0,342 \div 0,3674$; $3,6782 \div 0,0456$.

406. $0,681 \div 0,0013$; $0,65 \div 0,7456$; $47,00205 \div 18,997$.

407. $47,276 \div 3,0529$; $175274,29 \div 72,5318$; $2314235,4 \div 98,875$.

408. A 3 fr., 50 la paire de bas en laine, combien de paires pour 29 fr., 40 et que reste-t-il ?

409. Un domestique gagne 275 fr. par an : combien en moyenne par jour ?

410. Une pièce de vin de 230 litres coûte 54 fr., 50 rendue en cave : à combien revient le litre ?

411. Une voiture peut être chargée (poids net) de 1 050 kg. : de combien d'hectolitres d'avoine 1re qualité pesant 48 kg. pourra-t-on la charger ?

412. L'huile d'olives pesant 0 kg., 915 le litre, combien y a-t-il de litres dans un fût dont le poids net est 45 kg., et combien retirera-t-on en la vendant 2 fr., 60 le litre ?

413. On a récemment calculé que la fabrication des allumettes chimiques en France absorbe par an 82 250 mètres cubes de bois. Pour fournir à cette industrie, combien faudrait-il abattre d'hectares d'une forêt donnant 54 stères par hectare ? (Chercher le quotient en centièmes).

414. Combien peut-on faire de paires de draps avec un rouleau de toile de 78 mètres ? On sait qu'il faut 6 mètres pour faire un drap.

415. Le prix de cette pièce étant 197 fr., combien coûtera chaque drap, la façon de chacun d'eux se payant 0 fr., 30 ?

416. Un cheval mange en moyenne 12 kg., 500 de foin par jour : à combien de jours suffira pour 3 chevaux une provision de 6 550 kg. ?

417. Un paquet de 5 bougies se paye 1 fr., 20 : combien en pièces de 5 centimes le marchand doit-il vendre chaque bougie ? combien une personne peu économe a-t-elle dépensé de trop en achetant ainsi l'équivalent de 24 paquets ?

418. La tablette (pesant 250 g.) de plusieurs espèces de chocolat est composée de 6 billes et coûte 0 fr., 90 ; pour un déjeuner il faut une bille et pour 0 fr., 40 de lait et de pain : on demande le prix du déjeuner.

419. On a un rouleau de toile de 80 mètres qui a coûté 120 fr. ; on sait qu'il faut 3 mètres pour faire une chemise d'homme : combien peut-on en couper dans ce rouleau, et à combien reviendra chacune d'elles, la façon se payant 2 fr., 50 ?

420. Un homme occupé à un travail sédentaire et qui boit à chacun de ses deux repas l'équivalent de un verre et demi de vin pur se demande pour combien de temps lui suffirait un fût de 115 litres ; il a reconnu qu'il faut 6 de ces verres pour faire un litre.

421. La façade d'un édifice construite en pierres de taille doit avoir 15^m,60 ; en tenant compte des *joints*, la hauteur des *assises* est de 0^m,32. On demande : 1° le nombre des assises de cette façade, 2° de combien la 1re doit pénétrer dans le sol.

422. Une femme qui à l'âge de 60 ans vient de perdre son mari, se

trouve réduite à une rente viagère de 280 fr. ; elle peut gagner en moyenne 0 fr.,40 par jour pendant 306 jours dans l'année. Son logement lui coûte 85 fr., elle veut épargner annuellement 40 fr. à placer en vue de l'époque où elle ne pourra plus travailler : on demande ce qu'elle peut dépenser par jour pour son entretien et sa nourriture.

423. Un propriétaire demande combien il doit distiller d'hectolitres de vin pour se procurer les 80 litres d'eau-de-vie nécessaires à la consommation annuelle de sa maison. Il a reconnu que 1 litre de son vin contient $0^l,21$ d'eau-de-vie, mais il évalue à un sixième la perte due à l'imperfection de son alambic.

424. Un propriétaire a acheté 11 fr. un baril de bière dans lequel il a tiré 50 litres. La bière de même qualité se vend 0 fr.,30 la bouteille de $0^l,80$: on demande : 1º l'économie par bouteille ; 2º l'économie totale.

425. Au lieu de 267 litres de blé qu'il faut par hectare quand on sème à la volée, l'emploi du semoir permet de n'en répandre que $165^l,5$. Le blé étant estimé à son prix moyen de 22 fr.,50 les 100 litres, on demande au bout de combien de temps un cultivateur qui ensemence annuellement à la volée $12^{ha},8$ en blé, aura dépensé inutilement le prix d'un semoir de 60 fr.

SIMPLES NOTIONS DE GÉOMÉTRIE

105. Surface. La surface d'un corps est ce que nos yeux peuvent en voir, ce que nos mains peuvent en toucher.

106. Volume. On appelle volume d'un corps la place ou portion de l'espace qu'il occupe.

107. Ligne droite. Un fil bien tendu nous offre l'image la plus simple d'une ligne droite.

108. Angle. Lorsque deux lignes droites OA, OB, se rencontrent, elles forment un angle que l'on désigne par AOB, ou simplement par O, s'il est isolé.
Les droites OA, OB sont les *côtés* de cet angle. Le point O en est le *sommet*.

109. Perpendiculaire. OC est dite perpendiculaire sur une autre droite AB lorsque les deux angles COA, COB qu'elle forme avec elle sont égaux ; ces deux angles sont appelés *droits*.

110. Plan. On appelle plan une surface sur laquelle on peut appliquer en tout sens une règle bien dressée. Ex. : une glace, une table de marbre bien polie.

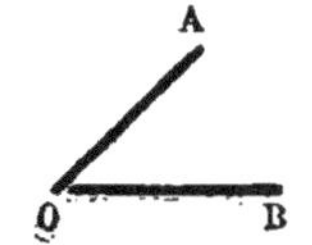

111 Parallèles. On appelle parallèles deux droites qui, situées dans le même plan, ne peuvent se rencontrer quelque loin qu'on les prolonge.

112. Carré. Le carré est une figure qui a ses quatre côtés égaux et ses quatre angles droits.

113. Cube. On appelle cube un corps terminé par 6 carrés égaux. Ex. : un dé à jouer.

Tableau indiquant les espèces de grandeurs, les unités principales, les unités secondaires, les unités de compte et les mesures effectives, avec les abréviations usitées.

GRANDEURS	UNITÉS principales	UNITÉS secondaires	UNITÉS de compte	MESURES EFFECTIVES		
LONGUEURS	Mètre m	Myriam. Mm Kilom. km Hectom. hm Décam. Dm décim. dm centim. cm millim. mm	km m cm mm	Double décamètre Décamètre. Demi-décamètre Double mètre Mètre demi-mètre double décimètre décimètre		
SURFACES	Mètre carré mq surf. ordin··· Are a surf. agraire·	Kilom. carré kmq décim. carré dmq centim. carré cmq Hectare ha centiare ca	kmq mq dmq cmq ha ou hmq a ou Dmq ca ou mq			
VOLUMES	Mètre cube mc Stère st bois de chauffage	décim. cube dmc centim. cube cmc centistère dst	mc dmc cmc st c st	Demi-décastère Double stère Stère		
CAPACITÉS	Litre l	Hectolitre hl Décalitre Dl décilitre dl centilitre cl	hl l cl	**8 en étain / 8 en ferblanc** Double litre Litre demi-litre double décil. décilitre demi-décilitre double centil.	**5 en cuivre, tôle ou fonte** Hectolitre Demi-hectol. Double décal. Décalitre Demi-décalitre	**11 en bois** Hectolitre Demi-hectol. Double-décal. Décalitre. Demi-décal. Double litre Litre demi-litre double décil. décilitre demi-décil.
POIDS	Gramme g	Tonne T Kilog. kg Hectogr. hg Décagr. Dg décigr. dg centigr. cg milligr. mg	kg g cg mg	**10 en fonte** 50 kg	2 hg 20 —	1 — 10 —	1/2 - 5 — 2 — 1 — 1/2 —	**14 en cuivre** 20 kg	100 g 10 —	50— 5 —	20— 2 —	10— 1 —	5— 500g	2— 200-	1—	**9 en lames** 5dg	5 mg 2—	2 1—	1 5cg 2— 1—
MONNAIES	Franc fr	centime. c.	fr c	**Or** 100 fr. 50 — 20 — 10 — 5 —	**Argent** 5 fr. 2 - 1 - 50 c. 20 -	**Bronze** ·10 c. 5 - 2 - 1 -

CHAPITRE IV
SYSTÈME MÉTRIQUE

114. Poids et Mesures. *On appelle poids et mesures les instruments qui servent à mesurer les grandeurs les plus usuelles.* Ainsi on se sert de poids pour peser le pain, la viande, etc., et de mesures pour apprécier la longueur d'une règle, la contenance d'un vase, etc.

115. Système métrique. *On appelle Système métrique ou système légal (1) des poids et mesures l'ensemble des mesures et des unités qui sont seules reconnues en France par la loi.*

116. Unités principales. *Les unités principales sont :*

Le **mètre** (*m*)   unité principale de longueur.
Le **mètre carré** (*mq*) et l'**are** (*a*)   —   surface.
Le **mètre cube** (*mc*) et le **stère** (*st*) —   volume.
Le **litre** (*l*)   — contenance ou de capacité
Le **gramme** (*g*)   —   poids.
Le **franc** (*f*)   —   monnaies

117. Toutes ces unités dérivent du mètre carré :
Le *mètre carré* est un carré qui a pour côté le mètre
L'*are* est un carré dont le côté a 10 mètres.
Le *mètre cube* est un cube qui a pour côté le mètre.
Le *stère* n'est d'ailleurs que le mètre cube.
Le *litre* est la contenance du décimètre cube.
Le *gramme* est le poids du centimètre cube d'eau pure.
Enfin le *franc* dérive aussi du mètre, puisqu'il pèse 5 grammes.

Remarque. La lettre qui suit chaque unité principale est le sign ǐ dont on se sert pour la désigner. Ainsi *m* signifie mètre, etc. On écri; aussi ᵐ.

118. Unités secondaires. Leur formation, leur nomenclature. Chaque unité principale sert à former des unités secondaires qui sont 10, ou 100, ou 1 000... fois plus grandes qu'elle, ou bien 10, ou 100, ou 1 000... fois plus petites.

Pour nommer les unités secondaires, on place devant le nom de l'unité principale l'un des mots suivants :

---

(1) Système *légal*, parce qu'il est le seul autorisé depuis le 1ᵉʳ janvier 1840; on l'appelle quelquefois système *décimal*, parce qu'il est basé sur le système de numération.

12 États étrangers ont introduit et prescrit officiellement le systèm e métrique décimal : la Belgique, les Pays-Bas, Rome....., etc. (*Rapport à l'Empereur*, novembre 1869).

Déca qui signifie	10		*Déci* qui signifie	0,1
Hecto —	100		*Centi* —	0,01
Kilo —	1 000		*Milli* —	0,001
Myria —	10 000			

Remarque. Les quatre premiers mots sont tirés du grec et les trois derniers du latin.

119. Mesures réelles ou effectives, unités de compte. On appelle *mesures réelles ou effectives* les unités qu'on peut voir et manier. On appelle *unités de compte* les unités qui sont employées dans le langage et le calcul. Quelques unités de compte sont aussi des mesures réelles (voir le tableau page 56).

Quelle que soit l'espèce de grandeur (longueur, capacité, poids), les mesures effectives sont : *l'unité principale*, *les unités secondaires*, et en outre *leurs doubles* et *leurs moitiés*. Il est donc facile de retenir les noms de ces mesures, il suffit de se rappeler la plus grande et la plus petite.

Questionnaire. Qu'appelle-t-on poids et mesures ? — Qu'est-ce que le système métrique ? — Nommez les unités principales. — Montrez que toutes ces unités dérivent du mètre. — Comment se forment les unités secondaires ? — Comment se forment leurs noms ? — Qu'appelez-vous mesures réelles ou effectives ? — Qu'appelez-vous unités de compte ?

MESURES DE LONGUEUR

120. Mètre. L'unité principale de longueur est le mètre.

121. *Le mètre est la dix-millionième partie du quart du méridien terrestre, ou de la distance du pôle à l'équateur.*

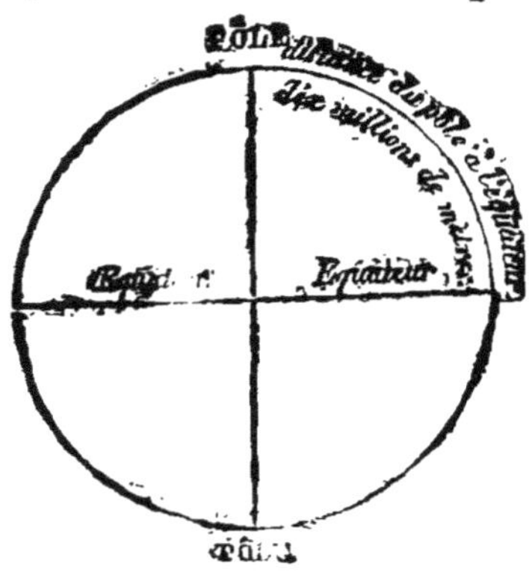

122. Les unités secondaires de longueur sont :

Le **Myriamètre** *(Mm)** qui vaut 10 000 mètres
Le **Kilomètre** *(Km)*   —   1 000
L'**Hectomètre** *(Hm)**   —   100
Le **Décamètre** *(Dm)**   —   10
Le **Décimètre** *(dm)**   —   0,1
Le **Centimètre** *(cm)*   —   0,01
Le **Millimètre** *(mm)*   —   0,001

Remarque. L'abréviation qui suit le nom de chaque unité se-condaire est le signe par lequel on la désigne. *Mm* signifie *myriamètre*, etc. Nous ferons souvent usage de ces abréviations; il importe donc de bien les retenir. Les majuscules K et H sont très-souvent remplacées par les minuscules *k* et *h*, ainsi on écrit *km*, *hm*, *kg*, etc., au lieu de *Km*, *Hm*. *Kg*, etc.

123. Les mesures effectives de longueur sont au nombre de huit.

1º *Le double décamètre* ou 20 mètres.
2º *Le décamètre.* . . . . . . 10 mètres (chaîne d'arpenteur),
3º *Le demi-décamètre.* . . . 5 mètres.
4º *Le double mètre* 2   —
5º *Le mètre.*
6º *Le demi-mètre* . . . . . . 50 *centimètres.*
7º *Le double décimètre* . . 20   —
8º *Le décimètre.* 10   —

124. Ces mesures sont établies dans la forme qui convient le mieux à leur emploi. C'est ainsi qu'on trouve dans le commerce:

1º Le double décamètre, le décamètre et le demi-décamètre, employés particulièrement par les arpenteurs, les **agents-voyers**, etc., et composés de tiges de fer reliés par des anneaux.

2º Le mètre, en forme de règle carrée, des marchands d'étoffe.

3º Le mètre brisé ou pliant des ouvriers.

4º Le double décimètre et le décimètre triangulaires divisés en centi-mètres et millimètres, servant aux dessinateurs.

5º Enfin la *roulette* composée d'un étui cylindrique renfermant un ruban de 1, 2, 5, 10 ou 20 mètres.

125. Choix de l'unité. En général l'unité ne doit être ni trop grande ni trop petite par rapport à la quantité à mesurer. Ainsi la longueur d'une règle plate s'exprimera en centimètres, son épaisseur en millimètres, et très-souvent

---

* Comme unité de compte, ces quatre unités tombent de plus en plus en désuétude. Si le mot *Myriamètre* reste encore dans le langage admi-nistratif, cela tient surtout à ce qu'il a été employé dans la rédaction du Code Napoléon, à une époque voisine de la création du système métrique. Il n'est plus employé ni dans les Ponts-et-Chaussées ni dans les Chemins de fer.

aussi sa largeur. Les dimensions d'une salle de classe, c'est-à-dire sa longueur, sa largeur et sa hauteur, s'exprimeraient en mètres et centimètres.

126. Mesures itinéraires. On appelle ainsi les mesures qui servent à énoncer la distance entre deux villes, la longueur d'une route, etc. Le *kilomètre* est presque la seule unité qui soit employée.

Sur les routes impériales et départementales ainsi que sur un grand nombre d'autres voies de communication, on voit ce qu'on appelle des *bornes kilométriques*. Entre deux bornes consécutives on en trouve quelquefois d'autres, plus petites, distantes de 100 mètres, et numérotées de 1 à 9. Sur les voies ferrées les distances au point de départ sont indiquées par des *poteaux kilométriques*.

127. Ecriture et lecture des mesures de longueur. Suivant leur étendue, les longueurs sont énoncées en *km*, en *m*, en *cm*, en *mm* ; mais en les écrivant on emploie presque exclusivement pour unité le *km* et le *m*.

Ecriture. 1° Si la longueur est exprimée en *m* et *cm* ou *mm*, on écrit d'abord le nombre de *m* (0^m s'il n'y en a pas) que l'on surmonte du signe initial ^{m}, on place la virgule et à la suite la tranche de 2 ou de 3 chiffres qui représente les *cm* ou les *mm*, en la complétant au besoin par des zéros.

2° Si la longueur est exprimée en *km* et en *m* avec ou sans *cm*, on écrit d'abord le nombre de *km* que l'on surmonte du signe initial ^{km}, on place la virgule et à la suite la tranche de 3 chiffres qui représente les *m*, puis, s'il y en a, celle de 2 chiffres qui représente les *cm* en complétant au besoin ces tranches.

EXEMPLES. 1° 3^m57^{cm}; 3^m7^{cm}; 84^{cm}; 1^m25^{mm}; 12^{mm} s'écrivent : $3^m,57$; $3^m,07$; $0^m,84$; $1^m,025$; $0^m,012$.

2° $18^{km}24^m$; $47^{km}250^m$; $2^{km}3^m$; $3^{km}35^m$ s'écrivent : $18^{km},024$; $47^{km},250$, $2^{km},003$; $3^{km},035$.

Lecture. 1° Dans le cas où l'unité est le *m*, s'il y a 2 chiffres décimaux ils expriment des *cm*, s'il y en a 3, des *mm*. 2° Dans le cas où l'unité est le *km*, les 3 premiers chiffres décimaux expriment des *m*; les 2 chiffres suivants, s'il y en a, des *cm*.

EXEMPLES. 1° $3^m,25$; $1^m,235$ se lisent : $3^m 25^{cm}$; 1^m235^{mm}.

2° $4^{km},25$: $1^{km},2583$ se lisent : $4^{km}250^m$; $1^{km}258^m30^{cm}$.

Changement d'unité. 1° *Exprimer en m une longueur écrite en km.* On avance la virgule de 3 rangs, en complétant s'il le faut par des zéros. Si le nombre donné est entier, on le fait suivre de 3 zéros. Ainsi $3^{km},2431 = 3243^m,1$; $5^{km},2 = 5200^m$. 2° *Exprimer en km une longueur écrite en m.* S'il y a une virgule on l'avance de 3 rangs; s'il n'y en a pas on sépare par une virgule les 3 derniers chiffres. Ainsi $1257^m,4$ valent $1^{km},2574$.

Remarque. Il arrive assez fréquemment qu'on exprime en *m* une longueur qui contient un et même plusieurs *km*, c'est ce que l'on fait toujours pour l'altitude (hauteur) des montagnes. Par exemple, 4815^m (Mont-Blanc).

Questionnaire. *Quelle est l'unité principale de longueur ? — Quelles sont les unités secondaires ? — Nommez les mesures effectives de longueur. — Donnez leur description en quelques mots. — Que*

*remarquez-vous sur le choix de l'unité ? — Qu'appelez-vous unités itiné-
raires ? — Quelle est l'unité employée ? — Qu'entendez-vous par bornes
kilométriques ? — Que savez-vous sur l'écriture et la lecture des mesures
de longueur, — sur le changement d'unité ?*

Exercices

Lire les nombres suivants :

426.		427.		427 *bis.*		428.	
3^m,36		0^m,08		1^{km},018		0^{km},91	
1 , 5		0 , 013		3 , 0095		0 , 05	
2 , 09		0 , 009		0 , 321		0 , 3264	
0 , 45		4^{km},345		0 , 036		0 , 0056	
0 , 5		1 , 42		0 , 008		0 , 1	

Écrire en chiffres les nombres suivants :

429. (*Le mètre sera l'unité*) Trois mètres cinquante-quatre centimètres; un mètre cent quatre-vingt dix-huit millimètres; six mètres
soixante centimètres; deux mètres dix-huit millimètres; un mètre neuf
millimètres.

430. (*Le mètre sera l'unité*) Cinq kilomètres deux cent quatre-vingt-
onze mètres; un kilomètre quatre-vingt-deux mètres; trois kilomètres six
mètres; un mètre vingt-neuf millimètres; huit kilomètres cinq cents
mètres.

431. (*On prendra le mètre pour unité*) Trente-cinq centimètres; cinquante-huit millimètres; cinq centimètres; soixante-sept millimètres;
neuf millimètres.

432. (*On prendra le kilomètre pour unité*) Neuf cent quarante-cinq
mètres; quinze cent quatre-vingts mètres; quatre-vingt-douze mètres;
soixante-trois mètres cinquante centimètres; trois mille huit cents mètres.

Lire les nombres suivants en prenant le mètre pour unité :

433.		434.		435.		436.	
1^{km},215		1^{km},065		3^{km},108		0^{km},36	
3 , 38		2 , 04		2 , 568		0 , 609	
2 , 9		4 , 009		0 , 3		0 , 090	

Lire les nombres suivants en prenant le kilomètre pour unité :

437.		438.		439.		440.	
3 658^m		982^m		11 000^m		1 251^m,8	
1 052^m		205^m		800^m,5		1 032^m,4	
6 009^m		1 200^m		92^m,6		351^m,7	

441. 1^{km},245+0^{km},225+0^{km},032+0^{km},105+0^{km},064   Le *km* sera l'unité.

442. 1050^m+351^m+421^m+103^m+606^m+54^m+1004^m —

443. 43^m,25+3^m,36+4^m,05+1^m,31+16^m,95+25^m,48   Le *m* sera l'unité.

444. 0^m,18+8^m,02+0^m,03+6^m,021+0^m,816+0^m,184+0^{m}28   —

445. Les roues d'une voiture ont 4^m,80 de circonférence ; chaque fois
que les roues font un tour la voiture avance évidemment de 4^m,80 : on
demande la distance parcourue après 1 422 tours de roue (on peut connaître ce nombre de tours soit à l'aide d'un instrument appelé *compteur*,
soit par d'autres procédés faciles à trouver).

446. Un entrepreneur a trois tronçons de route à réparer; le 1er a
1 550^m, le 2e 845^m et le 3e 2 640^m ; il est convenu de 640 fr. par *km* :
quelle somme devra-t-il recevoir ?

MESURES DE SURFACE OU DE SUPERFICIE

128. Les mesures de surface ou de superficie se divisent en trois classes : 1° *Les mesures de surface proprement dites;* 2° *les mesures agraires;* 3° *les mesures topographiques.*

129. 1° Mesures de surface proprement dites. L'unité principale pour les surfaces est le *mètre carré (mq)*, c'est-à-dire un carré dont chaque côté a un mètre. Il n'y a pas d'unité secondaire supérieure. Les unités secondaires inférieures sont : le *décimètre carré (dmq)*, le *centimètre carré (cmq)* et le *millimètre carré (mmq)*, qui ont respectivement pour côté 0m,1, 0m,01 et 0m,001.

130. Choix de l'unité. On évalue en mètres carrés les ouvrages de maçonnerie, de menuiserie, de peinture, etc, les surfaces des cours, des jardins de peu d'étendue et des terrains dans les villes. Quant aux unités secondaires inférieures, on les emploie pour des surfaces très-petites, comme celles d'une feuille de papier, de verre, etc.

131. 2° Mesures agraires. *On appelle mesures agraires* (du latin *ager, agri,* champ) *les mesures qui servent à évaluer les surfaces des jardins, des champs, des prés, des bois, etc.* La mesure principale est *l'are (a).* Il n'y a que deux unités secondaires qui dérivent de l'are : *l'hectare (ha.)* qui vaut 100 ares et le *centiare (ca)* ou mètre carré qui est la 100eme partie de l'are.

132. Mesures topographiques. *On nomme ainsi les mesures employées pour les grandes surfaces, comme la surface d'un département, d'un État.* On ne fait guère usage comme mesure topographique que du *kilomètre carré (kmq)*, carré qui a 1 kilomètre de côté.

Remarque. Il n'y a pas de mesures réelles de surfaces. Pour calculer l'étendue des surfaces, on emploie les mesures de longueur.

133. Principe. *Les carrés faits sur les unités successives de longueur vont en croissant de 100 en 100. Par exemple, le mètre carré vaut 100 décimètres carrés.*

En effet, supposons que le carré ABCD ait 1m ou 10dm de

côté. Je partage AB et CD en 10 parties égales, chacune d'elles est 1^{dm}. Je joins les points de division et j'opère de même sur AB et CB. La 1re tranche AB*mn* contient évidemment 10 parties, il en est de même de chacune des autres ; le nombre de ces parties est donc 10 fois 10 ou 100 : or chacune d'elles a 1^{dm} de haut et 1^{dm} de large, c'est donc un décimètre carré : donc

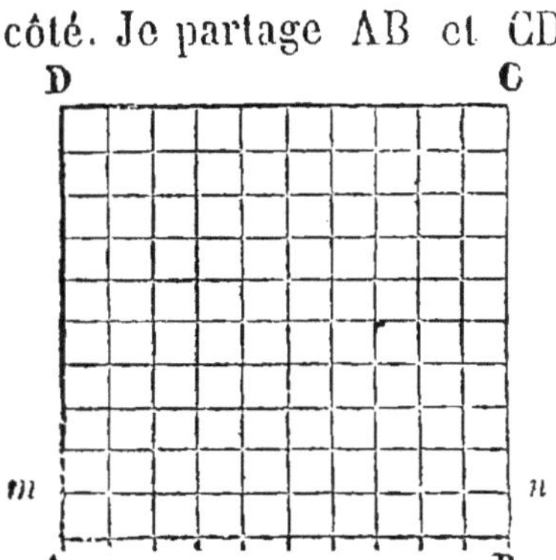

$$1^{mq} = 100^{dmq}.$$

Remarque. L'hectare, valant 100 ares n'est autre chose que l'hectomètre carré ; et le centiare étant le 100^{cme} de l'are n'est autre chose que le mètre carré. Par la même raison le kilomètre carré vaut 100 hectares, ou $1^{ha} = 0^{kmq}01$. Puisqu'il faut 100 unités d'un certain ordre pour valoir l'unité suivante, chacune d'elle peut être répétée jusqu'à 99 fois.

134. Ecriture et lecture des mesures de surface. 1° *Surfaces proprement dites.* Il y a quatre unités que nous connaissons déjà (n° 129) le *mq*, le *dmq*, le *cmq* et le *mmq*. Les unités décroissant de 100 en 100, il faut une tranche de 2 chiffres pour chacune d'elles. Jamais d'ailleurs on n'exprime plus de 3 de ces unités simultanément et le plus souvent on se borne à 2. Le *cmq*, par exemple, étant le 100^{cme} du *dmq* et par conséquent le 10 000^{cme} du *mq* est réellement négligeable et à plus forte raison le *mmq*. Ainsi dans les mémoires de menuisiers, de plafonneurs, de peintres, etc, l'unité est le *mq* et l'on ne descend pas au-dessous du *dmq*. Le *cmq* et le *mmq* ne s'emploient que très-rarement.

1° **Ecriture.** On écrit le nombre de *mq*. qu'on surmonte du signe initial ^{mq}, on place la virgule, puis la tranche de 2 chiffres qui représente les *dmq* et enfin, s'il y en a, celle des *cmq* en complétant au besoin ces tranches par des zéros. Ex. Ainsi $1^{mq}7^{dmq}3^{cmq}$ s'écrit $1^{mq},0703$, car le chiffre 7 exprimant des 100^{cmes}, l'unité doit occuper le 2e rang et le chiffre 3, le 4e, puisqu'il exprime des 10 000^{cmes}.

2° **Lecture.** On énonce la partie entière, puis la 1re tranche de 2 chiffres avec les mots *dmq*, puis la 2e avec les mots *cmq*.

Ex. $3^{mq},3547$; $1^{mq},0508$; $0^{mq},0014$ se lisent : $3^{mq}35^{dmq}$ 47^{cmq} ; $1^{mq}5^{dmq}8^{cmq}$; 14^{cmq}.

2° *Surfaces agraires.* L'écriture et la lecture des surfaces agraires est facile. Il y a **3** unités que nous connaissons déjà : *ha*, *a* et *ca*. Il est d'usage, à peu près invariable, de les exprimer séparément dans l'écriture et le langage. Par exemple $22^{ha}8^{a}17^{ca}$... Si cependant le nombre des unités supérieures est petit, on ne l'énonce pas toujours. Ainsi on dit bien 148 ares, comme aussi 152 centiares, mais on ne dira pas 2 358 ares.

3° *Surfaces topographiques.* La seule unité est le *kmq*. On ne descend jamais au-dessous de son 100ᵉ.

Exemple. La superficie du département du Nord est de 5 680^{bmq},86. On supprimerait la virgule pour passer aux hectares, ce qui donnerait 568 086^{ha}.

Changement d'unité. Quoique le *mq* soit presque la seule unité employée, les petites surfaces s'expriment quelquefois en *dmq* et *cmq*. Ainsi le timbre dont doit être frappée une affiche, dépend du nombre de *dmq* de sa surface (Voir exercice 487).

Règle. *Pour passer du* mq *au* dmq, *on avance la virgule de 2 rangs ; et de même pour passer du* dmq *au* cmq.
EXEMPLE. $0^{mq},47$ *égalent* 47^{dmq} ; $0^{mq},0703$ *égalent* 703^{cmq}.

COMPLÉMENT AU MESURAGE DES SURFACES — ARPENTAGE

135. Rectangle. *Le rectangle es une figure dont les 4 angles sont droits et les 4 côtés égaux deux à deux.*

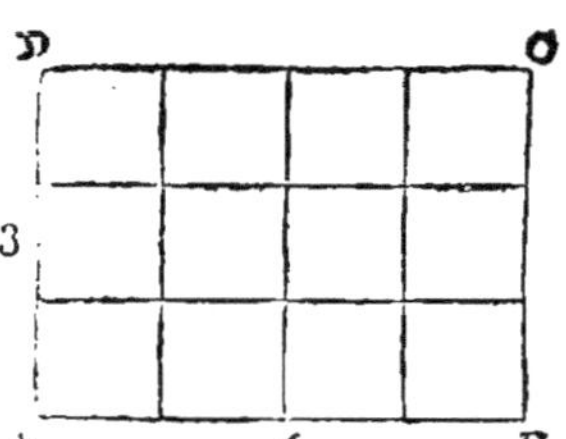

On a journellement des rectangles à mesurer : les murs, les portes, les croisées, les tableaux noirs, les bancs, les feuilles de papier,..... ont en général la forme de rectangle.

Un rectangle a une *base* AB et une *hauteur* AD : ce sont ses deux *dimensions*.

Règle. *Pour obtenir la surface d'un rectangle, on multiplie sa base par sa hauteur.*

Supposons que la base ait 4^{m} et la hauteur 3^{m}, la surface sera $4 \times 3 = 12^{mq}$. En effet, par les points qui partagent la base en mètres élevons des perpendiculaires et faisons de même pour la hauteur AD. Nous aurons ainsi 12 carrés ayant 1^{m} de côté, c'est-à-dire 12^{mq}.

136. Triangle. *Un triangle est une figure ABC qui a trois côtés et trois angles.*

BC est la *base* du triangle et AD, qui lui est perpendiculaire, en est la *hauteur*.

Règle *Pour obtenir la surface d'un triangle, on multiplie sa base par la moitié de sa hauteur.*

EXEMPLE. Si BC=9^m et AD=8^m, la surface est 36^{mq}.

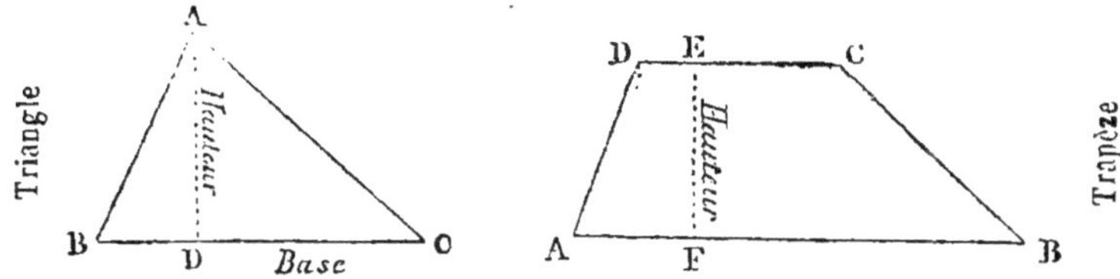

137. Trapèze. *Le trapèze est une figure qui a quatre côtés, dont deux, AB,DC, sont parallèles. Ces côtés sont les* bases *du trapèze. La perpendiculaire aux bases, EF, est sa* hauteur.

Règle. *La surface d'un trapèze s'obtient en ajoutant les bases, prenant la moitié de la somme et multipliant cette moitié par la hauteur.* EXEMPLE. AB=15^m, CD=9^m, EF=8^m ; surface=96^{mq}.

138. Polygones. *On appelle ainsi une figure limitée de toutes parts par des droites.*

Règle. *Pour obtenir la surface d'un polygone, on le décompose (fig 1) en triangles ou (fig 2) en triangles et en trapèzes ; après avoir évalué séparément les parties on ajoute les résultats obtenus.*

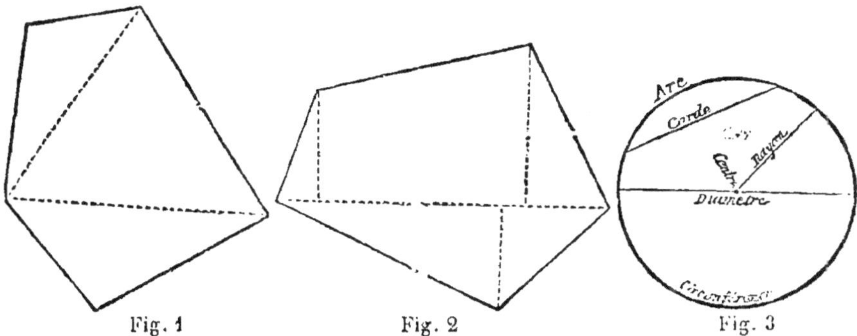

139. Circonférence. *On appelle circonférence une ligne courbe, plane, fermée dont tous les points sont à la même distance d'un point intérieur appelé* centre. *Cette distance est le* rayon *de la circonférence.*

Cercle. *Le cercle est la surface limitée par la circonférence.*

Règle. *Pour obtenir la surface d'un cercle, on multiplie le rayon par lui-même et par 3,14.*

EXEMPLE. Rayon=4^m : surface=4×4×3,14=50^{mq},24.

140. Remarque. Dans le calcul des surfaces , le *m* étant l'unité de longueur, c'est le *mq* qui est l'unité de surface. Si donc il s'agit de surfaces agraires, comme le *mq* n'est autre chose que le *ca*, le produit exprimera la surface en *ca*; les *a* seront donnés par la 2e tranche, à gauche, de 2 chiffres, et les *ha* par les chiffres restants.

EXEMPLE. $18\,224^{mq} = 1^{ha}82^{a}24^{ca}$.

Questionnaire. *Comment se divisent les mesures de surface? — Quelle est l'unité des mesures de surface proprement dites? — Quelles sont les unités secondaires? — Que savez-vous sur le choix de l'unité? — Qu'appelez-vous mesures agraires? — Quelle est l'unité principale? — Quelles sont les unités secondaires? — Quelle est la seule unité topographique? — Y a-t-il des mesures réelles de surface? — Démontrez que le* mq *vaut* 100^{dmq}*. — Que savez-vous sur l'écriture et la lecture des mesures de surface, — sur le changement d'unité? — Comment s'obtient la surface d'un rectangle, — d'un triangle, — d'un trapèze, — d'un polygone, — d'un cercle?*

Exercices

Lire les nombres suivants :

447. $2^{mq},25$	448. $1^{mq},009$	449. $0^{a},18$	450. $0^{ha},78$
1 , 04	0 , 08	$1^{ha},15$	1 , 0325
3 , 6	0 , 00588	2 , 06	134 , 78
428 , 80	$1^{a},24$	1 , 112	$4137^{kmq},36$
1 , 5849	$12^{a},04$	6 , 0	6738 , 07

Écrire en chiffres les nombres suivants :

451. Trois mètres carrés; six mètres carrés soixante-quatre décimètres carrés; cent vingt-huit mètres carrés quinze décimètres carrés.

452. Deux mètres carrés neuf décimètres carrés; un mètre carré huit décimètres carrés cinqnante centimètres carrés; quatre-vingt-sept décimètres carrés.

453. Neuf décimètres carrés; huit cent quatre-vingt-seize centimètres carrés; dix-neuf centimètres carrés; huit centimètres carrés.

454. Vingt-deux ares; dix-sept ares quinze centiares; vingt-huit ares huit centiares; quatorze centiares.

455. Seize hectares; un hectare trente-deux ares; trois hectares sept ares; un hectare quatre-vingt-six centiares.

456. Treize cent quarante-huit hectares vingt-cinq ares; onze cent soixante-deux kilomètres carrés.

457. Deux mille cent trois kilomètres carrés vingt-cinq centièmes; trois mille six cent quarante-huit kilomètres carrés neuf centièmes.

Lire les nombres suivants en prenant l'are pour unité :

458. 125^{mq}	459. 1528^{mq}	460. 1608^{mq}	461. 210^{mq}
35^{mq}	306^{mq}	7^{mq}	1200^{mq}
102^{mq}	1008^{mq}	1090^{mq}	3000^{mq}

Lire les nombres suivants en prenant le mètre carré pour unité :

462. $1^{a},25$	463. $0^{a},36$	464. $0^{ha},18$	465. $0^{a},08$
$18^{a},30$	14^{a}	1^{ha}	103^{a}
$3^{a},06$	$1^{a},45$	$85^{a},02$	$0^{ha},04$

Lire les nombres suivants en prenant l'hectare pour unité.

466. 142^a 467. 1250^{mq} 468.   6^a,05   469. 5635^{kmq},82

     3^a,18   11600^{mq} 2307^{kmq} 3600^{kmq},03

     101^a,14   0^a,87   6730^{mq},8   4000^{kmq},27

470 325^{mq}+45^{mq},30+10^{mq},20+6^{mq},09=   L'unité sera le *mq*.
471 345^{mq}+1650^{mq}+648^{mq}+35^{mq},75+12^{mq},25=   —   l'are
472 1636^{mq}+640^{mq}+335^{mq}+618^{mq},45+7^{mq},55=   —   l'ha.
473 2^{ha},45+6^{ha},18+3^a,36+0^a,18+1200^{mq}=   —   —
474 1618^{mq}+2^a,15+0^{ha},18+0^{ha},046+15^a,03=   —   l'are.
475 12^{ha},35+8^{ha},65+19^{ha}+64389^{kmq}=   —   le *kmq*.

476. On a vendu à Paris 203^{mq},60 de terrain pour 68000 fr. : quel a été le prix du mètre carré ?

477. Il faut 7^{kg} de semence de betterave à sucre par hectare : quel poids faut-il pour ensemencer un champ de 1^{ha},42 ?

478. Un pré ayant 108^m,50 de long et 49^m,90 de large a été vendu à raison de 8650 fr. l'*ha* : dire la somme que le vendeur doit recevoir.

479. Une salle rectangulaire a 5^m,40 de long et 4^m,25 de large : combien coûtera-t-elle à planchéier en chêne, le mètre carré se payant 6 fr. pour la main d'œuvre et la fourniture totale. On ajoutera 1 *mq* pour les embrasures.

480. Un cultivateur doit rendre à son voisin un petit rectangle ayant 42^{mq} de surface et une longueur de 88^m,40 : on demande l'autre dimension du terrain.

481. Il manque 2^a,45 à une propriété, le voisin doit rendre cette contenance en un triangle ayant 140^m de hauteur : on demande quelle sera la base.

482. Combien faut-il de tuiles plates sur une partie d'un toit ayant la forme d'un triangle dont la base a 8^m,40 et la hauteur 5^m,60 ? on sait d'ailleurs qu'il entre 65 tuiles par *mq*.

483. Combien coûtera le fauchage d'un champ d'avoine ayant la forme d'un trapèze dont la grande base a 60^m,80, la petite 47^m,70 et la hauteur 35^m,30 ? le fauchage de l'avoine se paie à raison de 6 fr., 50 l'hectare.

484. Une chenevière a 48^m,50 de long sur 8^m,40 de large : combien coûtera l'arrachage du chanvre à 24 fr. l'hectare ?

485. Pour chaque are planté en betteraves porte-graines, il faut 280 pieds : combien devra-t-on employer de pieds porte-graines pour un champ ayant 80^m,50 sur 12^m,40 ?

486. On échange deux propriétés : la 1re de la contenance de 1^{ha},55, est estimée 6 780 fr. l'hectare ; la 2e, de la contenance de 38^a,35, est estimée 9 200 fr. l'hectare : quelle est celle qui a le plus de valeur et quelle serait la *soulte* si l'on ne tenait pas compte des frais de contrat et d'enregistrement ?

487. Les affiches sont timbrées à 5^c pour une surface qui ne dépasse pas 25^{dmq} ; à 10^c pour une surface de 25 à 50^{dmq} ; à 15^c pour une surface de 50 à 100^{dmq}, et à 20^c pour une surface au-delà : quel est le timbre qu'il faut apposer sur une affiche qui a 0^m,92 de haut et 0^m,75 de large ; sur une 2e qui a 0^m,20 dans un sens et 0^m,18 dans l'autre ; sur une 3e qui a 1^m,20 en tous sens ?

488. Un bâtiment neuf a 12 croisées : 6 ont chacune 6 carreaux ayant

0^m,36 sur 0^m,32, et les autres ont chacune 4 carreaux ayant 0^m,24 sur 0^m,28 : combien à donner au vitrier à raison de 4 fr.,25 le *mq* ?

489. Combien coûtera, à raison de 0 fr., 90 le *mq*. la peinture de 5 portes : 3 ont, tout compris, 2^m,04 de haut, 1^m,10 de large, les 2 autres ont 2^m,10 de haut et 0^m,96 de large ?

490. Une chambre a 5^m,40 sur 4^m,20. Le propriétaire fait poser des plinthes pour lesquelles il paye au menuisier 0 fr., 50 le mètre courant, et au peintre 0 fr., 80 (pour 2 couches de peinture) du mètre superficiel. La partie supérieure des plinthes recevant aussi de la peinture, on comptera 0^m,14 pour la hauteur et l'épaisseur. Par suite d'une ouverture qui se trouve dans la pièce, il n'y a pas de plinthe sur une longueur de 1^m,10. Combien chaque ouvrier aura-t-il à recevoir ?

491. Il faut 1 300 kg. de pommes de terre pour ensemencer 1^{ha} : combien coûtera l'ensemencement d'un champ de 52^a,28, les pommes de terre valant 3 fr.,50 les 100 kg., et la plantation se payant à raison de 14 fr.,50 l'hectare ?

492. La surface d'un rouleau de papier peint est d'environ 4^{mq}, mais par suite des pertes, il ne produit guère que 3^{mq},70 : dans cette hypothèse, on demande combien il faudra payer pour recouvrir en papier peint une surface de 66^{mq}, si l'on emploie du papier à 0^f,75 le rouleau. On sait d'ailleurs que la pose de chaque rouleau coûte 0 fr.,50. On ajoutera 3 fr. pour l'achat et la pose de la bordure.

MESURES DE VOLUME

141. Mètre cube. L'unité principale de volume est le *mètre cube* (*mc*), c'est-à-dire un cube dont chaque côté ou arête a un mètre de longueur.

142. Unités secondaires. Il n'y a pas d'unité supérieure. Les unités inférieures sont le *décimètre cube* (*dmc*) et le *centimètre cube* (*cmc*). Ces cubes ont respectivement pour côtés un décimètre et un centimètre.

C'est en mètres cubes qu'on évalue les ouvrages de maçonnerie, les terrassements (déblais ou remblais), les bois de construction, les blocs de marbre, de pierre, etc. En pareil cas, on s'arrête toujours aux millièmes, c'est-a-dire au *dmc*. Le décimètre cube et le centimètre cube ne peuvent être employés que quand il s'agit de petits volumes.

143. Remarque. Il n'y a pas de mesures réelles de volume (excepté pour le bois de chauffage). Pour calculer les volumes, on se sert des mesures de longueur.

144. Principe. *Les cubes construits sur le mètre, le décimètre et le centimètre vont en décroissant de 1 000 en 1 000. Par exemple le dmc n'est que le 1 000eme du mc.*

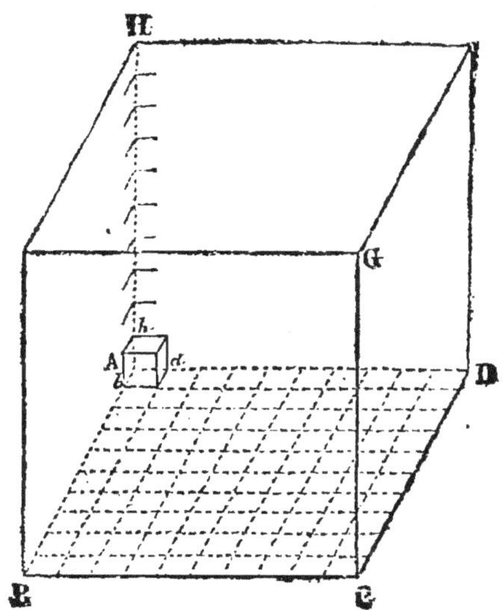

En effet. Imaginons un *mc* creux. Le fond qui est un *mq* peut être partagé en 100 *dmq*. Sur chacun d'eux plaçons 1 *dmc* nous aurons ainsi une 1re assise de 100 *dmc* qui n'occupera qu'un *dm* sur la hauteur. Comme il reste 9 *dm* nous devrons poser encore successivement 9 de ces assises pour remplir complétement la cavité, donc en tout il s'y trouvera 10 fois 100 ou 1 000 *dmc*.

On prouverait de même que le *cmc* n'est que le 1 000e du *dmq*. Puisqu'il faut 1 000 de ces unités peur faire l'unité supérieure, chacune d'elles peut être répétée jusqu'à 999 fois.

145. Écriture et lecture des mesures volume.

1° **Écriture** Si la plus haute unité énoncée est le mètre cube, on écrit le nombre de *mc* en le surmontant du signe initial ^{mc}, on place la virgule, puis la tranche des *dmc* qui doit toujours avoir 3 chiffres, on complète au besoin par des zéros. Si la plus haute unité est le décimètre cube, on écrit le nombre de *dmc* en le surmontant du signe initial, on place la virgule et la tranche de 3 chiffres qui représente les *cmc*.

Ainsi 3^{mc}56^{dmc} ; 853^{dmc} ; 27^{dmc}4^{cmc} ; 17^{mc}40^{dmc} s'écrivent : 3^{mc},056 ; 0^{mc},853 ; 27^{dmc},004 ; 17^{mc},040.

2° **Lecture.** Si l'unité est le mètre cube, on énonce le nombre de *mc* puis la tranche des 3 premières décimales qui exprime les *dmc*. Si l'unité est le *dmc* on énonce le nombre de *dmc*, puis la tranche des 3 premières décimales qui exprime les *cmc*.

Exemple. 2^{mc},043 ; 0^{mc},058 ; 1^{mc},04 ; 28^{dmc},17 ; 19^{dmc},2 se lisent : 2^{mc}43^{dmc} ; 58^{dmc} ; 1^{mc}40^{dmc} ; 28^{dmc}170^{cmc} ; 19^{dmc}200^{cmc}.

Changement d'unité. Jamais dans la pratique on ne fait de changement d'unité : si cependant on voulait en effectuer un, il n'y aurait qu'à avancer ou reculer la virgule de trois rangs.

Par exemple : 0^{mc},043 = 43^{dmc}.

146. Bois de chauffage. L'unité des mesures de bois de chauffage est le stère (*st*), qui n'est autre chose que le mètre cube.

Le stère n'a qu'un multiple qui est le *décastère* (*Dst*), et un sous multiple le *décistère* (*dst*). Le décastère vaut 10 stères et le décistère est la 10eme partie du stère. Le décastère est très-rarement employé.

147. Mesures effectives. La loi ne reconnaît que trois mesures effectives en usage pour le bois de chauffage : ce sont le *stère*, le *double-stère* et le *demi-décastère*.

148. Stère. Le stère est un cadre en bois ABCD composé d'une pièce AB appelée *sole*, de deux *montants* AD, BC et de deux *contrefiches* soutenant les montants. Le *double-stère* et le *demi-décastère* ont la même forme. La distance entre les montants est de 1^m pour le stère, de 2 pour le double stère et de 3 pour le demi-décastère. Si les bûches ont 1^m de longueur, la hauteur des montants est 1^m pour les 2 premières mesures et $1^m,667$ pour la 3ᵉ. S'il n'en est pas ainsi, la géométrie apprend à calculer cette hauteur.

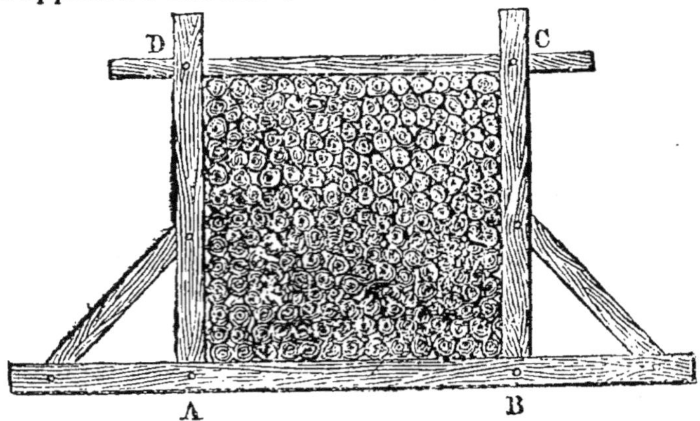

Remarque. C'est au poids que le bois se vend généralement dans les villes.

COMPLÉMENT A LA MESURE DES VOLUMES

149. Parallélipipède rectangle. *C'est un corps limité par 6 rectangles deux à deux égaux,* comme les bois équarris coupés droit aux extrémités, la plupart des caisses, en bois, les règles etc.

On appelle *dimensions* d'un parallélipède rectangle les 3 lignes saillantes (autrement dit *arêtes*) partant d'un même *sommet*.

Si on prend une des 6 faces pour *base* du parallélipipède, la *hauteur* est la longueur d'une des arêtes qui vont de cette face à la face opposée.

Règle. *Le volume d'un parallélipipède rectangle a pour mesure le produit de ses trois dimensions, ou, ce qui revient au même, le produit de sa base par sa hauteur.* Par exemple si la longueur, la largeur et la hauteur sont 3, 4 et 5^m, le volume sera $3 \times 4 \times 5 = 60^{mc}$; ou bien aussi 12×5: 12 étant (n° 135) la mesure de la base.

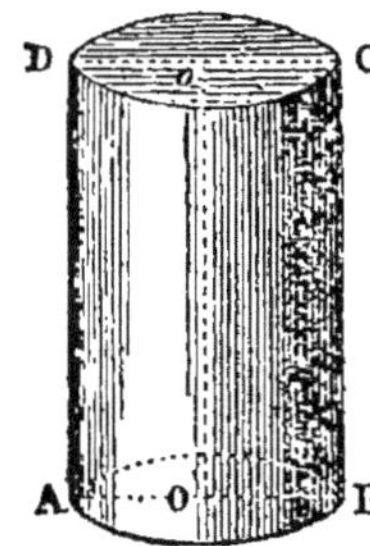

150. Cylindre. Par exemple, un rouleau, un tuyau de poêle, une colonne, etc. Les *bases* du cylindre sont deux cercles, et la *hauteur* est la distance de ces cercles, distance qu'on mesure en appliquant une règle sur la surface courbe.

Règle. *Le volume d'un cylindre s'obtient en multipliant sa base par sa hauteur.* Ex. soit le rayon $OA = 0^m,40$, la hauteur $Oo = 3^m,25$, la base est $0,4 \times 0,4 \times 3,14 = 0^{mq},5024$; donc le volume est $0,5024 \times 3,25 = 1^{mc},632700$, ou mieux $1^{mc},633$, puisque nous nous arrêtons au *dmc*.

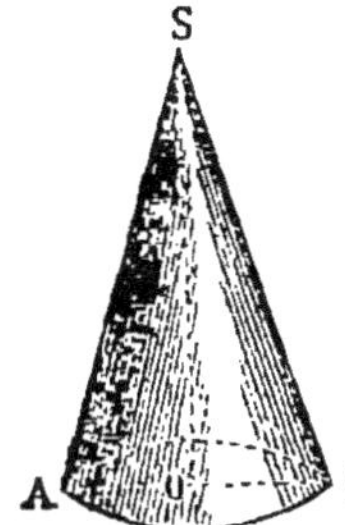

151. Cône. Exemple : Un pain de sucre.

Règle. *Le volume du cône s'obtient en multipliant la base par le 1/3 de la hauteur.* La *base* est un cercle, la *hauteur* est la distance entre la base et le sommet. Ex. $OA = 1^m,82$, $SO = 4^m,20$. Volume $= 1,82 \times$

$$1,82 \times 3,14 \times \frac{4,20}{3} = 10^{mc},420.$$

152. Sphère. Ex. Une boule.

Règle. *Le volume d'une sphère s'obtient en multipliant son diamètre deux fois par lui-même et par 0,523.* Ex. Le rayon est $0^m,2$; Volume $= 0,2 \times 0,2 \times 0,2 \times 0,523 = 0^{mc},004160 = 4^{dmc},160$.

153. Cubage des bois de construction. Il y a 2 cas.

1er Cas. Bois équarri. *On mesure en centimètres pleins (c'est-à-dire en négligeant les fractions de cm) l'équarrissage ou largeur d'une des faces, au milieu de la pièce; on multiplie le nombre obtenu par lui-même et par la longueur de la pièce, cette longueur étant évaluée en décimètres pleins.* EXEMPLE. Supposons que l'équarrissage soit $0^m,245$ et la longueur $4^m,54$. D'après ce qui précède, ces dimensions se réduisent à 0,24 et 4,50. Le volume en *mc* sera $0,24 \times 0,24 \times 4,5 = 0^{mc},259$. Mais comme on prend pour unité le *décistère*, c'est-à-dire le 10eme du *mc*, on dira que cet arbre cube 2^{dst},59.

2e Cas. Bois en grume (*bois revêtu de son écorce*). Pour le chêne et pour la plupart des bois les plus résistants et les plus utiles on cube au 5e *déduit*. Pour cela on diminue de son 5e le contour de l'arbre mesuré en son milieu, et on prend le reste comme contour de la pièce équarrie, de sorte que l'équarrissage est le 5e du tour de l'arbre.

Règle. *On prend le 5e du contour de l'arbre au milieu de sa longueur, on le multiplie par lui-même et par la longueur en négligeant les fractions de centimètre et de décimètre.*

Exemple. Supposons que le contour moyen soit $1^m,78$, qui pour le 5e donne 0,35. Si la longueur est $6^m,48$, elle se réduit à 6,40 et le cube de l'arbre est $0^{mc},784$.

Questionnaire. *Quelle est l'unité principale de volume ? — Quelles sont les unités secondaires ? — De quoi se sert-on pour calculer les volumes ? — Démontrez que le mc vaut 1 000 dmc. — Que savez-vous sur l'écriture et la lecture des mesures de volume, — sur le changement d'unité ? — Quelle est l'unité principale pour le bois de chauffage ? — Quelles sont les unités secondaires employées ? — Quelles sont les mesures effectives reconnues par la loi ? — Donnez la description de l'instrument de mesure appelé stère. — Comment s'obtient le volume du parallélipipède, — du cylindre, — du cône, — de la sphère ? — Comment s'obtient le volume des bois équarris, — des bois en grume au 5e déduit ?*

Exercices

Lire les nombres suivants :

493.		494.		495.		496.	
	$1^{mc},425$		$0^{mc},436$		$0^{mc},005428$		$0^{mc},090008$
	3 , 035		0 , 028		0 , 00243		0 , 0003
	2 , 04		0 , 6		0 , 0256		0 , 00047
	29 , 8		0 , 48		0 , 000542		0 , 000620
	1 , 008		0 , 009		0 , 000082		0 , 08

Ecrire en chiffres les nombres suivants en prenant le mc pour unité :

497. Deux mètres cubes deux cent quarante-sept décimètres cubes.

498. Un mètre cube cinquante-deux décimètres cubes.

499. Cinquante-deux mètres cubes neuf cents décimètres cubes.

500. Un mètre cube sept décimètres cubes ; quatre cent dix-huit centimètres cubes ; six cent cinquante décimètres cubes.

Ecrire en chiffres les nombres suivants en prenant le dmc pour unité :

501. Quarante-deux décimètres cubes ; cinq décimètres cubes ; trois cent quarante-un décimètres cubes six cents centimètres cubes.

502. Cinquante-huit décimètres cubes trois cent soixante-un centimètres cubes ; quatre décimètres cubes cent trente-cinq centimètres cubes ; trois cent cinquante-six centimètres cubes.

503. Trente-cinq centimètres cubes ; six cent trois centimètres cubes ; sept centimètres cubes ; deux stères quatre décistères ; sept décistères.

Lire les nombres suivants en prenant le mc pour unité :

504.		505.		506.		507.	
	$1\ 000^{dmc}$		92^{dmc}		$47^{dmc},006$		$0^{dmc},845$
	$1\ 250^{dmc}$		$840^{dmc},451$		$7^{dmc},82$		$0^{dmc},65$
	980^{dmc}		$96^{dmc},063$		$3^{dmc},9$		$0^{dmc},9$

Lire les nombres suivants en prenant le dmc pour unité :

508 1^{mc},	509. $0^{mc},081$	510. $0^{mc},28$	511. $0^{mc},000056$
$3^{mc},261$	$0^{mc},009$	$0^{mc},0034$	$0^{mc},06008$
$0^{mc},847$	$0^{mc},4$	$0^{mc},000622$	$0^{mc},005308$

512. $2^{mc},325 + 1^{mc},046 + 4^{mc},006 + 0^{mc},325 =$ le *mc* sera l'unité
513. $0^{mc},451 + 0^{mc},0045 + 0^{mc},30458 + 0^{mc},4 =$ —
514. $58^{dmc},391 + 1^{dmc},456 + 0^{dmc},28 + 0^{dmc},694 =$ —
515. $0^{mc},041 + 0^{mc},0325 + 0^{mc},0008 + 0^{mc},0012 =$ le *dmc* sera l'unité
516. $0^{mc},935 + 0^{mc},000345 + 0^{mc},0081 + 0^{mc},06 =$ —

517. L'arête d'un cube a $0^m,32$, on en demande le volume à 1^{cmc} près.

518. Combien vaut, à 12 fr. le stère, un tas de bois ayant $5^m,40$ de long, $3^m,15$ de profondeur et $2^m,20$ de haut?

519. Un bûcher a $0^m,50$ de long, $3^m,35$ de large et $2^m,80$ de haut : combien contiendrait-il de stères de bois s'il était à moitié rempli?

520. Quelle doit être la hauteur des montants pour le stère, lorsque les bûches ont $1^m,10$?

521. 4 maçons ont fait un mur ayant $120^m,40$ de long, $2^m,10$ de haut et $0^m,45$ d'épaisseur : combien, à 3 fr., 25 le mètre cube, l'un d'eux doit-il recevoir, s'il a droit au quart du prix total de la main-d'œuvre?

522. Un bloc de pierre a $1^m,32$ de long sur $1^m,05$ de large et $0^m,80$ de haut : combien faudra-t-il de chevaux pour conduire cette pierre si le mètre cube pèse 2 300 kg. et si chaque cheval peut traîner 900 kg., poids utile, sur le chemin à parcourir?

523. Un cône a $0^m,03$ de diamètre, $0^m,05$ de haut : quel est son volume?

524. Une sphère a $0^m,30$ de diamètre : en donner le volume en *cmc*.

525. Une poutre en chêne de $5^m,30$ a $0^m,26$ d'équarrissage : on demande sa valeur à raison de 80 fr. le mètre cube?

526. Un arbre a $1^m,83$ de circonférence moyenne et $5^m,70$ de longueur : on demande son volume au 5e déduit.

527. Une colonne en bois a $0^m,90$ de circonférence et $3^m,50$ de hauteur : combien coûtera-t-elle à faire peindre à 0 fr. 80 le *mq*, et quel sera son prix à raison de 100 fr. le *mc*?

528. Un puits a $8^m,60$ de profondeur et un diamètre intérieur de $1^m,10$, l'épaisseur de la maçonnerie est de $0^m,30$: 1° combien à donner aux maçons à raison de 4 fr.,50 le *mc*; 2° quel est le cube de la maçonnerie?

529. La caisse d'un tombereau a les dimensions suivantes : longueur au bord supérieur, $1^m,50$; longueur au fond, $1^m,30$; largeur au bord supérieur, $0^m,80$; largeur au fond, $0^m,58$; profondeur $0^m,72$: on demande le cube de cette caisse?

N. B. Le volume demandé sera pris comme égal au produit de la demi-somme des deux longueurs par la demi-somme des deux largeurs et par la hauteur.

Remarque. On trouve de même le volume de certains fossés, des tas de pierres que les cantonniers déposent le long des routes, etc.

Le procédé n'est pas tout à fait exact (Voir les ouvrages de géométrie de M. Ph. André, et les *Leçons élémentaires sur le cubage des bois*, par M. Haillecourt).

MESURES DE CAPACITÉ

154. Litre. *L'unité principale de capacité est le litre* (l), *dont la contenance est de 1 décimètre cube.*

155. Unités secondaires. Il y en a 4 : deux supérieures, l'*hectolitre* (*Hl*) et le *décalitre* (*Dl*) ; deux inférieures, le *décilitre* (*dl*) et le *centilitre* (*cl*). On parle rarement aujourd'hui du *Dl* et du *dl*.

156. Mesures effectives. La loi en reconnaît 13, dont la plus grande est l'*hectolitre*, et la plus petite le *centilitre*. Voici les noms de ces treize mesures : l'*hectolitre*, le *demi-hectolitre*, le *double décalitre*, le *décalitre*, le *demi-décalitre*, le *double litre*, le *litre*, le *demi-litre*, le *double décilitre*, le *décilitre*, le *demi-décilitre*, le *double centilitre* et le *centilitre*.

Les mesures de capacité servent pour les liquides, comme l'eau, le vin, le cidre, le vinaigre, l'eau-de-vie, l'huile, etc., et pour les matières sèches, comme le blé, les haricots, les fruits, etc.

157. Remarque. On a adopté la forme cylindrique pour toutes les mesures de capacité, parce qu'un vase cubique serait moins commode à manier, moins facile à nettoyer et plus sujet à se déformer.

158. *Les mesures de capacité se divisent en 4 classes :*

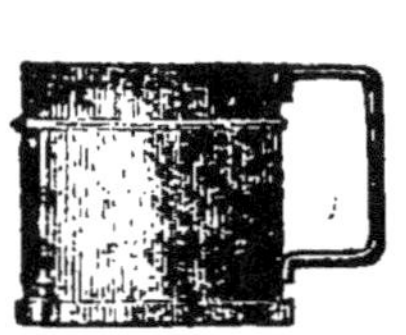

1° *8 mesures en étain* (1), appelées *petites mesures*, pour le commerce au détail de tous les liquides autres que le lait et l'huile.

La hauteur intérieure est double du diamètre intérieur.

Cette série va du double litre au centilitre (n° 119).

2° 8 *mesures en fer-blanc* pour l'huile (2) et pour le lait. Ce sont les mêmes que les mesures en étain, mais la hauteur est égale au diamètre.

3° 5 *mesures en cuivre,* en *tôle* ou en *fonte* (3). Ce sont les

(1) L'étain n'est pas pur, parce qu'il serait trop cassant. On l'allie au plomb. Ce dernier métal peut aller jusqu'à 18 °/₀ du poids total.

(2) C'est presque toujours au poids que les huiles se vendent maintenant.

(3) On doit, par l'étamage, ou tout autre procédé analogue, rendre inoffensif l'usage de ces mesures.

randes mesures. On les emploie pour le commerce en gros des liquides. La hauteur est égale au diamètre.
Cette série va de l'hectolitre au demi-décalitre.

4° *11 mesures* pour les matières sèches (blé, haricots, etc.)(1), construites ordinairement en bois de chêne, avec la partie supérieure garnie de tôle rabattue pour éviter les déformations. On les construit aussi, selon leur destination, en tôle ou en cuivre. La hauteur est encore égale au diamètre. Afin de faciliter leur maniement, on les munit d'anses, ou de deux tiges de fer placées à l'intérieur et formant le T.

Cette série va de l'hectolitre au demi-décilitre.

JAUGEAGE DES TONNEAUX

159. *Jauger* un tonneau, un fût, c'est en déterminer la capacité sans avoir recours au dépotement.

160. Nous ne nous occuperons que des fûts ordinaires. Le *bouge* est la section qu'on obtiendrait en coupant le fût, droit et parallèlement aux *fonds* par le milieu de la *bonde.* Si les fonds ne sont pas égaux, le *diamètre moyen* des fonds s'obtient en prenant la demi-somme de leurs diamètres. Ces diamètres doivent se mesurer entre *douves,* de même que la longueur se mesure entre fonds.

161. Règle. *Pour obtenir en litres la capacité d'un fût, on double le diamètre du bouge, on ajoute le diamètre moyen des fonds; on multiplie cette somme par elle-même, par la longueur et par 87,3.*

EXEMPLE. Diamètre du bouge, $0^m,61$; diamètre moyen des fonds, $0^m,50$; hauteur, $0^m,90$; contenance, $(0,61 \times 2 + 0,50)^2 \times 0,9 \times 87,3 = 232$ litres.

Remarque. Le 8ᵉ de 100 est 12,50 qui retranché de 100 donne 87,50, nombre très-peu différent de 87,30.

De là cette autre règle approximative : *On double le diamètre du bouge, on ajoute le diamètre moyen des fonds, on multiplie cette somme par elle-même puis par la longueur; au produit on avance la virgule de deux rangs, du résultat on retranche son 8ᵉ, et on supprime les décimales.*

Questionnaire. *Quelle est l'unité principale de capacité? Quelles sont les unités secondaires? Dites combien la Loi reconnaît de mesures effectives et nommez-les. En combien de classes se divisent les mesures de capacité? Combien y a-t-il de mesures en étain, — en fer-blanc, — en cuivre, — en bois? Dites ce que vous savez sur ces différentes mesures. — Comment obtient-on en litres la capacité d'un fût?*

(1) La vente au poids se généralise de plus en plus pour les grains.

Exercices

Lire les nombres suivants :

530. 54^l	**531.** $0^l,06$	**532.** $0^{hl},46$
$31^l,25$	10^{hl}	$0^{hl},08$
$4^l,5$	$2^{hl},55$	$0^{hl},065$
$1^l,05$	$1^{hl},03$	$0^{hl},006$

Écrire en chiffres les nombres suivants :

533. Quatre litres vingt centilitres; deux litres cinq centilitres; un litre trente centilitres.

534. Trente-un centilitres; huit centilitres; deux hectolitres vingt-huit litres.

535. Un hectolitre cinq litres; dix-huit hectolitres quarante litres; trois hectolitres deux litres.

Lire les nombres suivants en prenant le litre pour unité :

536. $1^{hl},42$	**537.** $15^{hl},30$	**538.** $0^{hl},06$	**539.** $11^{hl},3$
$1^{hl},06$	$0^{hl},18$	$0^{hl},035$	$10^{hl},25$

Lire les nombres suivants en prenant l'hectolitre pour unité :

540. 100^l	**541.** $111^l,5$	**542.** $10\ 410^l$	**543.** $59^l,$
162^l	$1\ 204^l,2$	$13\ 020^l$	$10^l,5$
603^l	$2\ 006^l$	$6\ 000^l$	$3^l,6$

544. Combien le mètre cube vaut-il d'hectolitres,— de doubles décalitres?

545. A 5 fr., le double décalitre de haricots, combien le litre?

546. Un cultivateur a vendu 8 hl. de blé à 22 fr., 50 l'hectolitre, et 12 d'avoine à 9 fr., 20; combien a-t-il reçu?

547. Pour trouver le volume des corps irréguliers, insolubles dans l'eau, on peut les placer dans un vase dont on connaît la capacité et achever de remplir avec ce liquide. La différence entre la capacité du vase et la quantité d'eau introduite exprime le volume du corps.

Dans un vase contenant $4^l,50$ on a placé un corps irrégulier, et l'on a dû, pour remplir le vase, y ajouter $2^l,75$ d'eau, quel est en *cmc* le volume du corps?

548. Dans une année abondante les meilleurs terrains peuvent produire jusqu'à 37 hl de blé d'hiver par hectare, quelle serait, dans ces conditions, la récolte d'un champ de $25^a,85$?

549. Pour ensemencer 1 ha. il faut 165 l. ou 220 l., d'orge ordinaire, selon que l'on sème en lignes ou à la volée : combien faudrait-il de litres de semence dans ces deux cas pour un champ de $51^a,60$?

550. Une citerne a les dimensions suivantes : longueur $3^m,80$; largeur $2^m,50$; profondeur $2^m,30$; dire sa capacité en hectolitres.

551. Combien une citerne ayant $3^m,50$ de long sur 3^m de large et $2^m,20$ de profondeur peut-elle contenir de tonneaux de 230 litres.

552. Une fosse à purin a 3^m sur 4^m : quelle profondeur faut-il lui donner pour qu'elle contienne 250 hectolitres ?

553. Un tonneau a : hauteur $1^m,60$; diamètre du bouge $0^m,82$, diamètre moyen des fonds $0^m,68$: trouver en litres sa capacité.

POIDS

162. Gramme. L'unité principale de poids est le *gramme (g). Le gramme est le poids d'un centimètre cube d'eau distillée* (1).

163. Unités secondaires. Les unités secondaires employées ne sont guère aujourd'hui que le *kilogramme (kg)*, le *centigramme (cg)* et quelquefois le *milligramme (mg)*.

164. Mesures effectives. Le nombre des poids usuels est de 24. Le plus gros est celui de 50 *kg* et le plus petit celui d'un *mg*. On trouvera facilement les noms de tous ces poids en se rappelant ce qui a été dit nº 119, et en consultant, au besoin, le tableau page 56.

165. Ces poids ont diverses formes, et la matière qui les compose n'est pas la même pour tous :

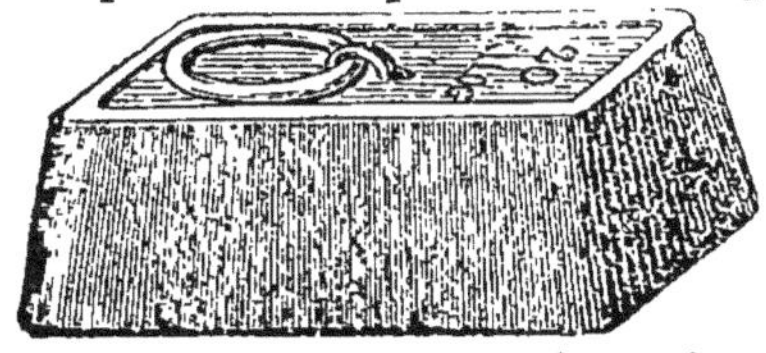
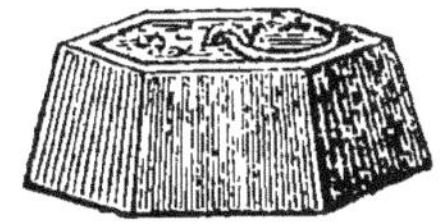

1º 10 poids *en fonte*, dont 2, ceux de 50 *kg* et de 20 *kg*, en forme de pyramide tronquée, arrondie sur les angles, ayant pour base un rectangle ; et 8 en forme de pyramide tronquée ayant pour base un hexagone régulier. Ils sont tous munis d'un anneau qui en facilite le maniement.

(1) On ne s'est pas contenté de prendre de l'eau distillée, on a fait la pesée à 4º, et de plus on a ramené le résultat à ce qu'il eût été dans le vide. Toutes ces précautions étaient nécessaires pour fixer d'une manière certaine le poids du gramme.

1º On s'est servi d'eau distillée, parce que le poids d'un même volume d'eau est variable suivant la nature et la quantité des matières étrangères qu'elle contient. Ainsi un litre d'eau salée pèse plus qu'un litre d'eau de pluie ; au contraire un litre d'eau contenant de l'alcool pèse moins qu'un litre d'eau pure.

2º On a pris de l'eau à une température déterminée parce que le poids d'un même volume d'eau, d'un litre par exemple, change avec la température. On a choisi celle de 4º, parce que c'est à cette température que le poids d'un même volume d'eau est le plus considérable, ce qu'on exprime en disant qu'elle est à son *maximum de densité*.

3º On a enfin, à l'aide de calculs que la physique enseigne, ramené le poids trouvé à ce qu'il aurait été si l'on eût fait la pesée dans le vide. Tout corps plongé dans un fluide, tel que l'eau ou l'air, perd en effet une portion de son poids égale au poids du fluide dont il tient la place ; et comme la hauteur du baromètre est variable, le poids d'un certain volume d'air est aussi variable. Si donc on avait pesé l'eau sans tenir compte de l'air déplacé, le poids appelé gramme n'aurait pas été constant.

Cette série va de *50 kg* à *50 g*. (*1/2 hectog*).

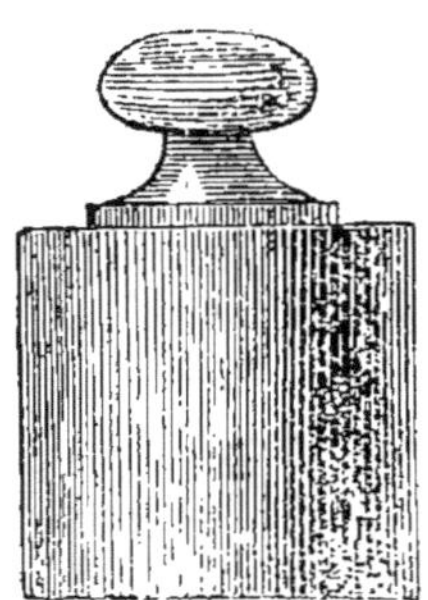

2° 14 poids *en cuivre* ayant la forme d'un cylindre surmonté d'un bouton. Pour les 12 plus gros, la hauteur du cylindre est égale au diamètre et celle du bouton en est la moitié; pour les 2 plus petits, 2 *g*., 1 *g*., le diamètre est plus grand que la hauteur.

Cette série va de *20 kg* à *1 g*.

3° 9 poids en forme de lame mince *en cuivre, argent ou platine* coupée carrément.

Cette série va du *demi-gramme* au *milligramme*.

166. Remarque. Si l'on n'avait à sa disposition, outre l'unité principale et les unités secondaires, que leurs doubles et leurs moitiés, il serait impossible de faire un poids contenant 4 ou 9 fois ces unités : par exemple 454 g.; 459 g. Pour obvier à la difficulté, on se procure en double exemplaire les doubles de ces unités, savoir pour la 2ᵉ série, les poids de 2 kg., de 200 gr., de 20 gr., et de 2 gr. Veut-on faire un poids de 459 gr., on mettra dans la balance les 2 poids de 200 gr., ceux de 50 et de 5, et les deux de 2 gr.

Observation. La difficulté de manier le poids de 50 kg. porte à employer de préférence celui de 20 kg. pris un nombre convenable de fois. Ainsi, pour 96 kg. on prendrait 4 poids de 20 kg., celui de 10, ceux de 5 et de 1 kg.

INSTRUMENTS DE PESAGE

167. Les instruments destinés au pesage sont de différents genres. On distingue : 1° la *balance proprement dite*, dans laquelle les plateaux sont suspendus au fléau; 2° la balance à plateaux supérieurs ou *balance Roberval*, dont les plateaux surmontent le fléau; 3° la *romaine proprement dite*; 4° la *balance-bascule*; 5° le *pont à bascule*; 6° la *bascule romaine*.

1° et 2° Balance proprement dite; Balance de Roberval. Dans la balance proprement dite et dans celle de Roberval,

pour équilibrer un corps placé dans le plateau de gauche, il faut un poids égal placé dans le plateau de droite; le pesage se fait donc en cherchant, par tâtonnement, quels poids marqués il faut mettre dans ce plateau pour que l'aiguille fixée au fléau vienne s'arrêter au droit du zéro, ou mieux, pour que dans chacune de ses oscillations, ses positions extrêmes soient également distantes du zéro.

Une condition essentielle à remplir par toute balance, c'est d'être *sen sible*, c'est-à-dire de *trébucher* lorsque dans l'un des plateaux on place un poids peu considérable par rapport à ceux pour lesquels on peut l'employer. Dans la *vérification*, pour qu'une balance soit regardée comme suffisamment sensible, il suffit qu'elle trébuche pour une différence, entre les deux charges, égale à $\frac{1}{2000}$ de la *portée* et par conséquent pour une différence de 1/2 gr., 5 gr., 10 gr., suivant qu'elle est établie de manière à pouvoir servir jusqu'à 1 kg., 10 kg., 20 kg.

Remarque. Il résulte de là qu'une pesée s'exprime au plus par 4 chiffres, et le plus souvent par 3, puisque la portée étant de 1 000 gr., par exemple, on ne peut apprécier le poids qu'à 1 demi-gramme près.

3° Romaine. Dans la romaine, qui est encore employée dans beaucoup de ménages, c'est en faisant mouvoir sur un bras de levier divisé, un curseur C, que l'on fait équilibre à des corps de poids différents placés dans le plateau ou suspendus au crochet.

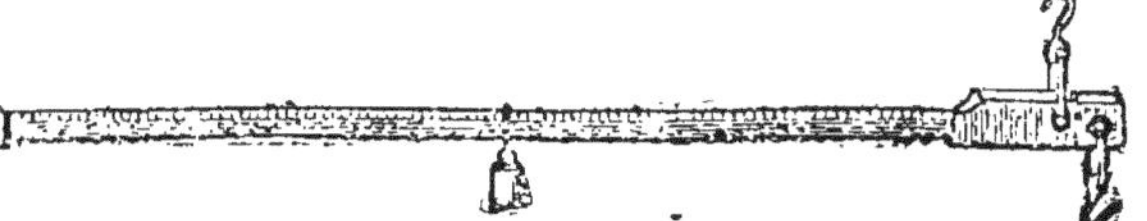

4° et 5° Balance-Bascule; Pont à Bascule. Dans la balance-bascule et le pont à bascule, le fardeau (colis, wagon, voiture, charrette, etc.) à peser étant placé sur le tablier, l'équilibre s'établit au moyen d'un poids moindre mis dans le plateau ; si ce poids est le 0,1 de la charge, l'instrument est dit au 0,1 ; il est dit au 0,01, lorsque les poids marqués ne forment que le 0,01 de la charge

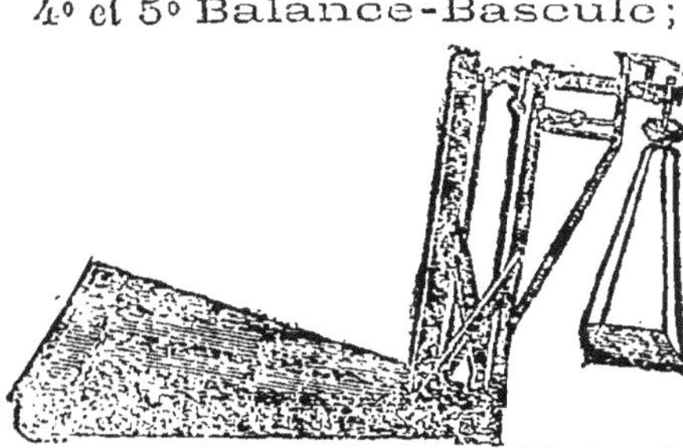

sous la condition toujours que l'index dans ses oscillations s'écarte également de part et d'autre de la position d'équilibre.

6° Bascule romaine. Dans la bascule romaine, le plateau reste vide tant que la charge n'atteint pas 100 kg. Il suffit de faire mouvoir le poids curseur jusqu'à la dernière division du bras du levier pour peser tous les colis de moins de 100 kg. Au-dessus de cette limite, le nombre de centaines de *kg* est donné par le nombre de *kg* placés sur le plateau, le complément est fourni par le poids curseur. Ainsi, le curseur étant à 85 et le poids dans le plateau étant de 7 kg., le colis pèse 785 kg.

Pour les deux bascules et le pont à bascule la sensibilité est légalement fixée à 0,001 de la portée. Dans la balance-bascule au 0,1, par exemple, l'index ne doit plus dans ses oscillations s'écarter également de sa position normale si, dans le cas où la portée est de 1 000 kg., on ajoute 1 kg. sur le tablier ou 100 gr. dans le plateau.

Dans les transports par petite vitesse (chemin de fer), les poids sont comptés de 10 en 10 kg., c'est-à-dire que 451, — 835, etc. comptent comme 460, — 840, etc. Il en est de même pour la grande vitesse, du moins pour les poids supérieurs à 10 kg., les poids inférieurs se comptant tantôt de 0 à 5 et de 5 à 10, tantôt de 0 à 3, de 3 à 5 et de 5 à 10.

Questionnaire. *Quelle est l'unité principale de poids ? Qu'est-ce* *que le gramme? Quelles sont les unités secondaires? Combien y a-t-il de poids usuels? Nommez les 10 poids en fonte et faites connaître leurs formes. Nommez les 14 poids en cuivre et faites connaître leurs formes. Nommez les 9 poids formés de lames minces. Quels sont les principaux instruments destinés au pesage? Comment se fait le pesage à l'aide de la balance proprement dite et de la balance de Roberval? Quand une balance est-elle sensible? Par combien de chiffres au plus peut s'exprimer une pesée? Comment se sert-on de la romaine? Dites ce que vous savez sur la balance-bascule. — le pont à bascule, — la bascule romaine.*

Exercices

Lire les nombres suivants :

554. 455^g,	555. $0^g,21$	556. $0^g,105$	557. $1^g,005$
$2^g,51$	$0^g,09$	$0^g,008$	$0^{kg},451$
$1^g,08$	$0^g,3$	$5^{kg},325$	$0^{kg},068$
$1^g,6$	$0^g,025$	$2^{kg},036$	$164^{kg},5$

Écrire en chiffres les nombres suivants :

558. Trente-six grammes; cent cinq grammes; dix kilogrammes huit cent trente grammes.

559. Huit grammes quarante-cinq centigrammes; vingt-huit centigrammes; cent trois kilogrammes cinq cents grammes.

560. Un gramme huit centigrammes; quatre-vingt-sept milligrammes; deux kilogrammes dix-huit grammes.

Lire les nombres suivants en prenant le gramme pour unité.

561. 3^{kg},	562. $1^{kg},04$	563. $1^{kg},008$	564. $0^{kg},045$
$1^{kg},251$	$35^{kg},3$	$0^{kg},658$	$0^{kg},006$

Lire les nombres suivants en prenant le kilogramme pour unité .

565. $1\,000^g$	566. $1\,048^g$	567. $1\,200^g$	568. 609^g
$1\,325^g$	$1\,005^g$	$18\,069^g$	98^g

569. Pour peser un corps avec la balance de Roberval, on a mis dans le plateau de droite 1 poids de 200 gr., 1 de 50, 1 de 20 et 1 de 10 : quel est le poids de ce corps?

570. Dans une balance-bascule au 0,1, il faut sur le plateau, pour faire équilibre à un corps placé sur le tablier, 1 poids de 5 kg., 1 de 2, 1 de 1 et 1 de 1 demi-kg. : on demande le poids du corps.

571. On pèse un corps avec la bascule romaine; le curseur est à 82, et il y a $9^{kg},5$ dans le plateau : quel est le poids de ce corps?

572. Quel est le poids d'un litre d'eau pure, — d'un hectolitre, — d'un mètre cube?

573. Quel est le volume d'eau pure qui pèse $1^{kg},6$?

574. Un cultivateur sait que son cheval, sans trop se fatiguer, peut conduire sur sa voiture 1 000 kg. à la ville voisine. Le poids de l'hectolitre de blé étant de 78 kg., on demande le nombre qu'il pourra en mettre sur cette voiture ?

575. Sur 10 kg., non compris le panier, que pèse une ruche au printemps, on obtient 6 kg. de miel et $0^{kg},500$ de cire : quel serait le produit de 12 ruches dans ces conditions, le miel valant 1 fr.,80 et la cire 4 fr. le kg.

576. Un grainetier vend les articles suivants : $3^{kg},500$ de luzerne, à 1 fr., 20 le kg. ; $9^{kg},250$ de trèfle incarnat, à 0 fr., 70 ; $0^{kg}500$ de betteraves, à 0 fr.,90 ; $0^{kg},250$ de carottes, à 2 fr.,80 ; $0^{kg},125$ de choux-raves,

à 3 fr.,20 ; 0^{kg},125 de choux ordinaires à 3 fr. ; 0^{kg},125 de raves à 3 fr.,20. Faites la facture.

577. Une vache de grande race, laitière de 1er ordre, mange 27 kg. de foin par jour et donne en moyenne 10 litres de lait. Une vache de race moyenne, laitière de 2e ordre, mange 16 kg. de foin par jour et donne en moyenne 7 litres de lait : à 7 fr.,50 les 100 kg. de foin et à 0 fr.,30 le litre de lait, quel serait le bénéfice ou la perte que l'on ferait dans une année en nourrissant une vache de grande race au lieu d'une vache de race moyenne?

578. La farine de 1 kg. de blé produit généralement 1 kg. de pain : combien peut-on faire de pains de 3 kg. avec la farine de 5 hl. de blé pesant chacun 79 kg.?

579. Un cheval de race moyenne mange au régime ordinaire 12^{kg},500 de foin. On sait d'ailleurs que 100 kg. de foin peuvent être remplacés par 200 de paille : quelle quantité de paille doit manger par jour un cheval auquel on donne déjà 8 kg. de foin?

580. Au régime d'engraissement, un bœuf mange en foin 5 pour 100 de son poids : quelle a été la dépense de 2 bœufs soumis pendant 38 jours à ce régime? On sait : 1° que chacun d'eux mangeait 8 kg. de pommes de terre crues par jour; 2° que 100 kg. de foin peuvent être remplacés par 260 kg. de pommes de terre; 3° que le foin vaut 7 fr. 50 et les pommes de terre 3 fr.,50 les 100 kg.; 5° que chaque bœuf avant l'engraissement pesait 430 kg.

581. Lorsque le foin vaut 40 fr. les 500 kg. et les pommes de terre 3 fr. 50 les 100 kg. y a-t-il avantage à remplacer pour la nourriture du bétail le foin par les pommes de terre (prob. 580)?

MONNAIES

168. Franc. *L'unité principale pour les monnaies est le franc (f. ou fr.), pièce pesant 5 grammes* (1).

169. Unité secondaire. Il n'y en a qu'une qui soit usitée, le *centime* (c) ou centième du franc. Le mot *décime* n'est plus employé que dans le langage administratif et même très-rarement.

170. Monnaies effectives. Il y a trois espèces de monnaie : la monnaie d'*or*, celle d'*argent* et celle de *bronze*.

171. La série des monnaies se compose de 14 pièces, dont 5 en or, 5 en argent et 4 en bronze.

172. Les grandes opérations commerciales s'effectuent principalement au moyen de ce qu'on appelle la monnaie *fiduciaire* (*fiducia*, confiance).

---

(1) En vertu de la convention internationale du 23 décembre 1865, la France, la Belgique, l'Italie, la Suisse ont le même système monétaire. La Grèce a aussi les mêmes pièces, mais non les mêmes dénominations.

On comprend sous cette dénomination les *effets de commerce* (n° 240) et les *billets de banque.*

Les billets que la Banque de France met en circulation sont de 1 000 f., de 500 f., de 200 f., de 100 f. et de 50 f.

173. Titre des monnaies. Le titre des monnaies pour l'or est 0,9 ou 0,900, c'est-à-dire que chaque pièce contient en or pur les 0,9 ou les 0,900 de son poids, le reste, 0,1 ou 0,100 étant en cuivre. Quant au titre des monnaies d'argent, il est aussi 0,900 pour la pièce de cinq francs; mais il n'est que 0,835 (lois du 25 mai 1864 et du 27 juin 1866), pour les quatre autres formant la *monnaie divisionnaire* c'est-à-dire que les 835 millièmes de leur poids sont en argent, et les 165 autres en cuivre. Quant à la monnaie de bronze, elle se compose de 95 parties de cuivre, 4 d'étain et 1 de zinc.

174. Tableau des pièces de monnaie reconnues par la Loi

Métal.	Valeur.	Poids en grammes.	Diamètre en millimètres.	Titre.
Or	100ᶠ 50 20 10 5	32ᵍ258 16,129 6,452 3,226 1,613	35 28 21 19 17	0,900
Argent	5ᶠ 2 1 50ᶜ 20	25ᵍ 10 5 2,50 1	37 27 23 18 15	0,900 ――― 0,835
Bronze	10ᶜ 5 2 1	10ᵍ 5 2 1	30 25 20 15	cuivre 0,95 étain 0,04 zinc 0,01

175. Remarques diverses. 1° Le poids des pièces étant bien déterminé, il est évident qu'elles peuvent être employées pour peser.

2° A poids égal, la monnaie d'or vaut 15 fois 1/2 plus que celle d'argent, 310 fois plus que celle de bronze et la monnaie d'argent 20 fois plus que celle de bronze.

Il y a d'autres relations qu'il est bon de connaître, mais qui sont faciles à trouver. Le gramme étant le poids du *cmc* d'eau, le *kg.* est celui de 1 000^{cmc}, c'est-à-dire du *dmc* ou du litre ; la tonne ou 1 000 *kg.* est donc le poids de 1 000^{dmc}, c'est-à-dire du mètre cube d'eau.

3° Toutes les mesures et tous les poids à l'usage du commerce doivent porter ostensiblement leur dénomination ainsi que le nom ou la marque du fabricant.

Questionnaire. Quelle est l'unité principale pour les monnaies ? Quelle est l'unité secondaire employée ? Combien y a-t-il d'espèces de monnaie. Quelles sont les 14 pièces de monnaie ? Comment s'effectuent les grandes opérations commerciales ? Quels sont les billets mis en circulation par la Banque de France ? Que savez-vous sur le titre des monnaies ? A poids égal, combien la monnaie d'or vaut-elle de fois plus que la monnaie d'argent, — que celle de bronze ?

582. Combien pèsent 2 fr., 50 en monnaie de bronze ?

583. Combien pèsent : 1° 100 fr. en argent; 2° 100 fr. en or ; 3° 100 fr. en bronze ?

584. Que valent 5^{kg},250 en pièces de bronze ?

585. Que valent 830 g. en pièces d'argent ?

586. Que valent 3 kg. en pièces d'or ?

587. Un sac contient 50 pièces de 20 fr.; 42 de 10 ; 12 de 5 ; 3 de 5 en argent et 6 de 2 fr. : combien de fr. dans ce sac et combien pèse cette somme ?

588. Combien faut-il : 1° de pièces de 20 fr.; 2° de pièces de 10 fr. pour valoir 1 000 fr. ?

589. Combien faut-il de pièces de 5 fr. pour faire 500 fr. ?

590. Combien d'argent et de cuivre en tout dans une pièce de 5 fr., de 2 fr. et de 0 fr. 50 ?

591. On a payé un chêne équarri 85 **fr.** le mètre cube pris sur place. combien coûtera-t-il rendu à pied-d'œuvre s'il a 4^m,50 de long, 0^m,20 d'équarrissage ? Il y a 2 fr. 50 à donner au voiturier.

592. 1 mètre de tuyaux de drainage coûte ordinairement 0 fr, 06 ; pour placer les drains à environ 1 m. de profondeur on donne 0 fr. 30 du mètre courant. Combien coûtera le drainage d'un champ de 120 m. de long et pour lequel on emploiera deux rangées de drains (Les rangées sont généralement espacées de 10 m.) ?

593. Une maîtresse de maison adjoint à sa servante 5 fois par semaine et 2 heures par jour, une femme de ménage qui demande 0 fr. 20 par heure : quelle somme épargnerait-elle par an si elle pouvait, avec un peu plus d'activité, se passer de cette aide ?

594. Dans un pays d'usines, un cultivateur néglige divers travaux des champs, afin d'employer ses attelages à des transports pour le compte des usiniers. Il a fait 50 journées à 9 fr.,50 l'une, mais ses récoltes ont diminué d'une quantité que l'on évalue à 24 hl. de froment et à 42 000 kg. de luzerne : donner brut le gain ou la perte dans une année où le blé vaut 21 fr., 50 l'hectolitre, et la luzerne 78 **fr.** les 1 000 **kg.**

MESURE DU TEMPS

176. Les unités de temps ne suivent pas la loi décimale, puisque
1ʲ vaut 24ʰ, 1ʰ, 60′, 1′, 60″. Il en résulte que les opérations sur les mesures de temps ne se font pas comme celles sur les mesures de longueur, etc.

Addition
3ʲ 8ʰ59′32″
1ʲ 19ʰ34′44″
———————
6ʲ 14ʰ34′16″

Des 76″ (32+44) j'en écris 16, les 60 autres faisant une minute, je reporte 1 sur la colonne des unités de minutes. Je procède de même en passant des minutes aux heures. La colonne des heures en donne 38, ou 1 jour 14 heures

J'écris 14 sous les heures, et je reporte 1 à la colonne des jours. S'i s'agissait de journées d'ouvriers travaillant 10 heures, on poserait 8 e l'on retiendrait 6.

Soustraction
8ʲ 4ʰ35′20″
5ʲ 9ʰ40′36″
———————
2ʲ 18ʰ54′44″

J'ajoute au nombre supérieur 1′ ou 60″, je soustrais et j'écris la différence 44. Au nombre inférieur, j'ai donc 41′ que je retranche de (60+35) 95, il reste 54. Au nombre inférieur, j'ai donc 10 que je retranche de (24+4) 28, il reste 18. Enfin j'ai à retrancher 6 de 8, le reste est 2.

Multiplication
3ʲ 17ʰ28′
    3
———————
11ʲ 4ʰ24′

3 fois 28′ font 84′, ou 24′ et 1ʰ, j'écris les 24′. 3 fois 17 font 51 et 1 de retenue font 52 heures, ou 2 jours et 4 h. j'écris 4 et retiens 2. 3 fois 3, 9, et 2 de retenue font 11, que j'écris. Au lieu de procéder ainsi, on aurait pu réduire le multiplicande en minutes et multiplier le résultat par 3.

Division

14ʲ   22ʰ   40′ | 4
2ʲ=48ʰ | ———————
——— | 3ʲ 17ʰ 40′
70ʰ
   2ʰ=120′
   ———
   160′

Le quotient de 14 par 4 est 3 que j'écris, il reste 2 jours qui valent 48 heures. Le quotient de 70 (48+22) par 4 donne 17 h., il reste 2 h. qui valent 120′. Le quotient de 160′ (120+40) par 4 est 40′ que j'écris. Au lieu de procéder ainsi, on aurait pu réduire le dividende en minutes et diviser le résultat par 4.

Exercices

595. Un enfant est né le 21 mars 1867 et un autre le 19 juin 1869 : trouver : 1° leur différence d'âge ; 2° l'âge que chacun aura le 25 juillet 1900.

596. Quelle heure marque un cadran, lorsque la petite aiguille est sur VI et la grande sur XII ?

597. Quelle heure, lorsque la grande est sur III, la petite entre VII et VIII ?

598. Quelle heure, lorsque la grande est sur X, la petite entre X et XI ?

599. Quel temps s'est-il écoulé de 4ʰ25′ du soir à 8ʰ42′ du matin ?

600. Quel temps s'est-il écoulé de 5ʰ12′ du matin à 7ʰ38′ du soir ?

601. Quel temps s'est-il écoulé de 8ʰ49′ du soir à 6ʰ46′ du matin ?

602. Quel temps s'est-il écoulé du lundi soir à 9ʰ30′ jusqu'au samedi suivant à 11ʰ35′ du matin ?

Écrire en chiffres romains les nombres suivants :

603. 18 ; 34 ; 120 ; 107 ; 203 ; 251.

604. 305 ; 1600 ; 1800 ; 1847 ; 1869 ; 1881

Lire les nombres suivants :

605. XLIII; CCI; CVC; CCCV; CD; CDI.
606. DCIV; MDI; MID; MDCLV; MDCCCLVIII.
607. MDCCCLXIV; MDCCCLXIX; MDCCCLXXXL.
608. MCMIII; MCMXXV; MMIV; MMLX.
609. MCML; MCMVL; MCMLX; MCMLIX.

CHAPITRE V

FRACTIONS ORDINAIRES

177. Fraction. *On appelle fraction une partie ou la réunion de plusieurs parties égales de l'unité.* Si je divise une pomme en cinq parties égales et que je donne à un enfant trois de ces cinq parties, je lui donne une fraction, les *trois cinquièmes* de la pomme.

Pour écrire cette fraction dont l'énoncé contient deux nombres, 3 et 5, je place ces deux nombres soit l'un au-dessous de l'autre $\frac{3}{5}$, soit l'un à côté de l'autre 3/5, en les séparant par un trait. Le premier, 3, s'appelle *numérateur* et le second, 5, *dénominateur*.

Le dénominateur indique en combien de parties égales l'unité a été divisée, le numérateur indique combien on a pris de ces parties.

178. En général pour énoncer une fraction, on nomme d'abord le numérateur, puis le dénominateur en faisant suivre son nom de la terminaison *ième*.

Ainsi les fractions 3/5, 7/9 se lisent *trois cinquièmes, sept neuvièmes*. Il y a exception pour le cas où le dénominateur est 2, 3 ou 4; au lieu de deuxième, troisième et quatrième, on dit : *demi, tiers, quart*.

179. Le numérateur et le dénominateur sont les deux *termes* de la fraction.

180. Une quantité sous forme de fraction est plus petite que l'unité lorsque le numérateur est plus petit que le dénominateur : Ex. 3/5. Elle est égale à l'unité lorsque le numérateur est égal au dénominateur : Ex. 5/5. Elle est plus grande que l'unité lorsque le numérateur est plus grand que le dénominateur : Ex. 7/5.

181. Nombre fractionnaire. *On appelle nombre fractionnaire, un nombre composé d'un entier et d'une fraction.* Ex. 7+4/5.

182. Convertir un nombre fractionnaire en fraction. Règle. *On multiplie l'entier par le dénominateur de la fraction ; au produit on ajoute le numérateur et l'on donne à la somme pour dénominateur celui de la fraction.*

Ex. Convertir 7 4/5 en fraction. On dit : 5 fois 7, 35 et 4, 39 : 39/5.

Démonstration. Une unité valant 5/5, 7 unités valent 7 fois 5/5 ou 35/5 ; 4/5 de plus font 39/5.

183. Extraire les entiers d'une fraction. Règle. *On divise le numérateur par le dénominateur, le quotient est le nombre d'unités.*

Ex. Extraire les entiers de 13/5. La division de 13 par 5 donnant 2 pour quotient et 3 pour reste 13/5=2+3/5.

Démonstration. En 13 il y a 2 fois 5 plus 3, donc en 13/5 il y a 2 fois 5/5 plus 3/5 ou 2+3/5.

Remarque. Si l'on n'avait besoin que des unités entières, on négligerait le reste :

184. Principe. *Une fraction est le quotient de son numérateur par son dénominateur.*

Par exemple 3/5 est le quotient de 3 par 5, ou autrement dit le 5e de 3.

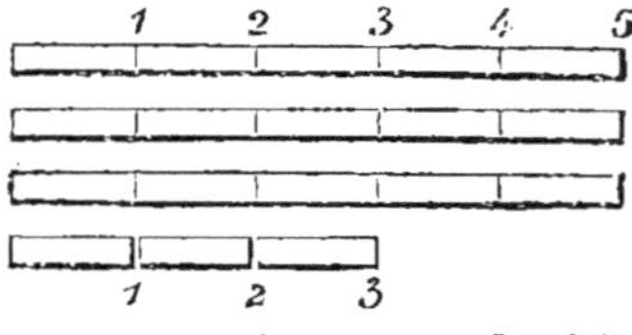

Soient 3 règles de même longueur divisées chacune en 5 parties égales et placées comme l'indique la figure. Si sur chacune d'elles je prends son premier 5e il est visible que j'aurai en tout le 1/5 des trois règles, et il n'est pas moins visible qu'en mettant ces cinquièmes bout à bout, j'aurais les 3/5 de l'une d'elles : donc le 1/5 de 3 unités est la même chose que les 3/5 de l'une.

Quelquefois on se borne à dire comme il suit : Le 5e de 1 est 1/5 ; donc celui de 3 est 1/5+1/5+1/5 ou 3/5.

185. Compléter un quotient. Lorsqu'une division a donné un reste on complète le quotient entier au moyen d'une fraction qui a pour numérateur le reste et pour dénominateur le diviseur. Ex. La division de 103 par 8 donnant 12 pour quotient et 7 pour reste, le quotient complété sera 12+7/8.

$$\begin{array}{r|l} 103 & 8 \\ 23 & \overline{12} \\ 7 & \end{array}$$

Remarque. Le quotient de 103 par 8 est égal à $\dfrac{103}{8}$ (n° 184) et (n° 183) $\dfrac{103}{8}$ est bien égal à $8+\dfrac{7}{8}$.

Questionnaire. Qu'appelle-t-on fraction? Comment s'écrit une fraction ? — Qu'indique le numérateur — le dénominateur? — Comment s'énonce une fraction? — Dans quel cas une fraction est-elle plus petite que l'unité, — égale à l'unité, — plus grande que l'unité? — Qu'appelle-t-on nombre fractionnaire ? — Énoncez la règle pour convertir un nombre fractionnaire en fraction. — Dites la règle pour extraire les entiers d'une fraction. — Montrez qu'une fraction est le quotient de son numérateur par son dénominateur. — Comment se complète le quotient d'une division ?

Exercices

Prenez, dans les trois exercices suivants, les fractions qui sont plus petites que l'unité et rangez-les sur une même ligne. Faites de même pour les fractions égales et pour les fractions supérieures à l'unité.

610. $\dfrac{1}{2} \cdot \dfrac{1}{3} \cdot \dfrac{6}{5} \cdot \dfrac{4}{4} \cdot \dfrac{8}{9} \cdot \dfrac{7}{5} \cdot \dfrac{9}{9} \cdot \dfrac{11}{12} \cdot \dfrac{25}{24}.$ 611. $\dfrac{115}{121} \cdot \dfrac{3}{7} \cdot \dfrac{28}{28} \cdot \dfrac{4}{3} \cdot \dfrac{6}{6} \cdot \dfrac{31}{41} \cdot \dfrac{62}{27}$

612. $\dfrac{36}{18} \cdot \dfrac{12}{6} \cdot \dfrac{7}{3} \cdot \dfrac{8}{23} \cdot \dfrac{9}{11} \cdot \dfrac{14}{13} \cdot \dfrac{29}{30}.$ 613. $\dfrac{22}{21} \cdot \dfrac{8}{9} \cdot \dfrac{11}{11} \cdot \dfrac{17}{20}.$

614. Convertir en fractions : $3\dfrac{2}{5}; \ 4\dfrac{8}{9}; \ 18\dfrac{2}{3}; \ 5\dfrac{4}{7}; \ 23\dfrac{1}{2}.$

615. Extraire les entiers de : $\dfrac{28}{6}; \ \dfrac{19}{7}; \ \dfrac{24}{5}; \ \dfrac{13}{4}; \ \dfrac{9}{6}; \ \dfrac{29}{3}.$

616. Trouver les quotients complets des divisions suivantes : 47:9; 53:19; 71:41; 231:13; 567:44.

PROPRIÉTÉS PRINCIPALES DES FRACTIONS

186. Principe. *Quand on multiplie ou qu'on divise le numérateur seul d'une fraction par un certain nombre, la fraction est rendue ce même nombre de fois plus grande ou plus petite.*

1° 2/5. Je multiplie le numérateur 2 par 4 et j'ai 8/5. Cette fraction est évidemment 4 fois plus grande que 2/5, car elle contient 4 fois plus de *cinquièmes*.

2° Ex. 6/7. Je divise le numérateur 6 par 3 et j'ai 2/7. Cette fraction est évidemment trois fois plus petite que 6/7, car elle contient 3 fois moins de *septièmes*.

Remarque. De deux fractions qui ont le même dénominateur, la plus grande est celle qui a le plus grand numérateur. Ex. 6/7 est plus grand que 5/7.

187. Principe. *Quand on multiplie ou qu'on divise le dénominateur seul d'une fraction par un certain nombre, la fraction est rendue ce même nombre de fois plus petite ou plus grande.*

1º Ex. $\frac{2}{3}$. Je multiplie le dénominateur par 4 et j'ai $\frac{2}{12}$. Cette fraction est 4 fois plus petite que 2/3.

En effet, une unité quelconque, une règle par exemple étant divisée en 3 parties égales, ou en tiers ; si on subdivise chacun de ces tiers en 4 parties égales on aura évidemment 3×4 ou 12 subdivisions, et chacune sera $\frac{1}{12}$ de l'unité.

On voit donc que $\frac{1}{3}$ vaut $\frac{4}{12}$, par conséquent $\frac{2}{3}$ valent $\frac{8}{12}$; or $\frac{2}{12}$ est 4 fois plus petit que $\frac{8}{12}$, ou que son égal $\frac{2}{3}$.

2º Ex. $\frac{2}{12}$. Je divise le dénominateur par 4 et j'ai $\frac{2}{3}$. Cette fraction est 4 fois plus grande que $\frac{2}{12}$.

En effet, soit une unité, une règle par exemple, partagée en 12 parties égales, chaque partie est $\frac{1}{12}$. Le $\frac{1}{3}$ contient $\frac{4}{12}$, par conséquent $\frac{2}{3}$ valent $\frac{8}{12}$; or, il est clair que $\frac{8}{12}$ vaut 4 fois $\frac{2}{12}$.

Remarque. De deux fractions qui ont le même numérateur, la plus grande est celle qui a le plus petit dénominateur. Ex. 7/4 est plus grand que 7/5, puisque le quart est plus grand que le cinquième.

188. Principe. *On ne change pas la valeur d'une fraction, lorsqu'on multiplie ou qu'on divise ses deux termes par un même nombre.*

Ex. $\frac{2}{3}$. Je multiplie les deux termes par 4, et j'ai $\frac{8}{12}$. Je dis que ces deux fractions sont égales. En effet, une unité, une règle par exemple, étant divisée en 3 parties égales, chaque partie est 1/3. Si on les subdivise toutes les trois en 4 portions égales, chaque nouvelle partie sera $\frac{1}{12}$, et $\frac{1}{3}$ contiendra évidemment $\frac{4}{12}$; $\frac{2}{3}$ valent donc $\frac{8}{12}$.

Questionnaire. Qu'arrive-t-il quand on multiplie, ou divise le numérateur seul d'une fraction par un certain nombre — le dénominateur seul, — les deux termes ?

Exercices

Ranger dans les 2 exercices suivants, les fractions par ordre de grandeur. On commencera par la plus petite, dans chaque exercice.

617. $\frac{7}{9} \cdot \frac{5}{9} \cdot \frac{4}{9} \cdot \frac{2}{9} \cdot \frac{8}{9} \cdot \frac{1}{9} \cdot \frac{9}{9}$.

618. $\frac{11}{17} \cdot \frac{11}{14} \cdot \frac{11}{13} \cdot \frac{11}{11} \cdot \frac{11}{21} \cdot \frac{11}{16}$.

SIMPLIFICATION DES FRACTIONS

189. Simplifier une fraction, c'est la ramener à être exprimée par des termes moindres sans changer de valeur.

Ainsi $\frac{24}{48}$ et $\frac{1}{2}$ sont deux fractions de même valeur, mais la seconde est plus *simple* que la première.

Une fraction ne change pas de valeur quand on divise ses deux termes par un même nombre (n° 188), donc : pour simplifier une fraction, il suffit de diviser ses deux termes par le même nombre.

Méthode à suivre. On cherche si les deux termes sont divisibles par l'un des nombres 2, 4, 5, 3, 6, 8, 9, 12, 15, etc., et on fait toutes les divisions possibles.

Soit la fraction $\frac{864}{1296}$. Les deux termes étant divisibles par 4, je les divise et j'ai la nouvelle fraction $\frac{216}{324}$ dont les deux termes sont encore divisibles par 4 ce qui donne la fraction $\frac{54}{81}$. Les deux termes de cette dernière sont divisibles par 9; divisant, j'ai $\frac{6}{9}$, fraction dont je peux encore diviser les deux termes par 3, ce qui donne 3/2 pour fraction équivalente à $\dfrac{864}{1296}$.

Remarque. Cette simplification des fractions est d'une grande utilité, parce que, plus les termes d'une fraction sont petits, plus il est facile d'en avoir une idée nette et claire.

Ainsi une heure peut s'énoncer $\dfrac{1}{24}$ ou $\dfrac{11}{264}$ de jour : il est clair que la seconde fraction est loin de donner de cette durée une idée aussi précise que la première.

RÉDUCTION DES FRACTIONS AU MÊME DÉNOMINATEUR

190. Réduire des fractions au même dénominateur, c'est les ramener à avoir le même dénominateur sans changer de valeur.

Lorsque des fractions telles que $\dfrac{8}{12}$, $\dfrac{3}{12}$, $\dfrac{7}{12}$ ont le même dénominateur, il est facile de les comparer, de dire laquelle est la plus grande ou la plus petite, de les additionner, etc., il n'en serait pas ainsi si elles n'avaient pas le même dénominateur.

191. Règle. *Pour réduire deux fractions au même dénominateur, on multiplie les deux termes de chacune d'elles par le dénominateur de l'autre.*

Ex. Réduire $\dfrac{4}{5}$ et $\dfrac{3}{7}$ au même dénominateur. Je multiplie les deux termes de la première par le dénominateur 7 de la seconde, ce qui donne $\dfrac{28}{35}$. Je multiplie ensuite les deux termes de la seconde par le dénominateur 5 de la première ce qui donne $\dfrac{15}{35}$. Les fractions n'ont pas changé de valeur (n° 188); puisqu'on a multiplié les deux termes de chacune par un même nombre ; elles ont d'ailleurs le même dénominateur, puisqu'il provient de la multiplication des dénominateurs et qu'un produit reste le même quel que soit l'ordre dans lequel on l'effectue (n° 59).

192. Règle générale. *Pour réduire plusieurs fractions au même dénominateur, on multiplie les deux termes de chacune d'elles par le produit des dénominateurs de toutes les autres.*

Ex. Réduire $\dfrac{3}{4}$, $\dfrac{2}{3}$ et $\dfrac{4}{7}$ au même dénominateur.

$\dfrac{3}{4}$ $\dfrac{2}{3}$ $\dfrac{4}{7}$ Je multiplie les deux termes de la 1re fraction par 21, produit des deux autres dénominateurs,

$\dfrac{63}{84}$ $\dfrac{56}{84}$ $\dfrac{48}{84}$ et j'ai $\dfrac{63}{84}$. Je multiplie les deux termes de la 2e par 28, produit des deux autres dénominateurs,

ce qui donne $\dfrac{56}{84}$. En opérant de même sur la 3e, j'ai $\dfrac{48}{84}$.

On démontrerait comme plus haut que toutes ces fractions ont conservé leur valeur, et ont le même dénominateur.

Remarque I. 84 étant le produit des dénominateurs, il est clair qu'il suffit d'effectuer une seule fois ce produit.

Remarque II. Il est souvent possible de trouver un dénominateur commun plus petit que celui qui résulte de l'application de la règle générale.

On cherche un nombre divisible à la fois par tous les dénominateurs des fractions données. On divise ce nombre par chaque dénominateur, et on multiplie le numérateur correspondant par le quotient.

Ex. I. Réduire $\dfrac{2}{3}$, $\dfrac{3}{4}$, $\dfrac{5}{6}$, $\dfrac{7}{12}$ au même dénominateur.

$\dfrac{2}{3}$ $\dfrac{3}{4}$ $\dfrac{5}{6}$ $\dfrac{7}{12}$ Le dénominateur 12 étant divisible par tous les autres, je le prends pour dénominateur commun. Pour la 1re fraction, je divise 12 par son dénominateur 3, le quotient est 4.

$\dfrac{8}{12}$ $\dfrac{9}{12}$ $\dfrac{10}{12}$ $\dfrac{7}{12}$ Je multiplie son numérateur par 4 et j'ai $\dfrac{8}{12}$.

Pour la 2e, je multiplie son numérateur par 3, quotient de 12 par 4 et j'ai $\dfrac{9}{12}$. En opérant de même sur la 3e, je la remplace par $\dfrac{10}{12}$. Quant à la 4e elle reste la même, $\dfrac{7}{12}$

En suivant la règle générale, j'aurais obtenu 864 pour dénominateur ; cette nouvelle méthode présente donc de grands avantages.

Ex. II. Réduire $\dfrac{1}{2}, \dfrac{3}{5}, \dfrac{1}{6}, \dfrac{3}{4}$ au même dénominateur.

Le plus grand dénominateur 6 ne peut convenir que pour la 1re et la 3e fraction, son double 12 étant divisible par 2, 6 et 4, mais non par 5 ne peut convenir pour la 2e. Mais si je multiplie 12 par 5, le produit 60, divisible par 5 le sera évidemment aussi par 2, 6 et 4 ; je peux donc prendre 60 pour dénominateur commun. En opérant comme dans le 1er exemple, les fractions proposées deviennent $\dfrac{30}{60}, \dfrac{36}{60}, \dfrac{20}{60}, \dfrac{45}{60}$.

Questionaire. Comment se simplifie une fraction ? Expliquez la réduction des fractions au même dénominateur.

Exercices

Fractions à simplifier :

619. $\dfrac{18}{36}, \dfrac{24}{72}, \dfrac{42}{51}$ **620.** $\dfrac{140}{160}, \dfrac{280}{350}, \dfrac{390}{405}$

621. $\dfrac{342}{612}, \dfrac{315}{495}, \dfrac{930}{1115}$ **622.** $\dfrac{1264}{1400}, \dfrac{1500}{1650}, \dfrac{2205}{6650}$

Fractions à simplifier s'il y a lieu, puis à réduire au même dénominateur :

623. $\dfrac{6}{9}, \dfrac{21}{23}$ **624.** $\dfrac{12}{18}, \dfrac{27}{36}$ **625.** $\dfrac{24}{51}, \dfrac{3}{7}$

626. $\dfrac{28}{64}, \dfrac{3}{13}$ **627.** $\dfrac{4}{9}, \dfrac{11}{44}$ **628.** $\dfrac{18}{24}, \dfrac{41}{123}$

629. $\dfrac{5}{8}, \dfrac{9}{12}, \dfrac{8}{24}$ **630.** $\dfrac{3}{4}, \dfrac{8}{11}, \dfrac{7}{21}$ **631.** $\dfrac{36}{54}, \dfrac{17}{68}, \dfrac{1}{3}$

632. $\dfrac{25}{60}, \dfrac{120}{140}, \dfrac{105}{435}$ **633.** $\dfrac{13}{14}, \dfrac{9}{28}, \dfrac{3}{7}$ **634.** $\dfrac{22}{66}, \dfrac{17}{33}, \dfrac{4}{11}$

635. $\dfrac{2}{3}, \dfrac{3}{4}, \dfrac{8}{2o}, \dfrac{5}{15}$ **636.** $\dfrac{21}{35}, \dfrac{38}{57}, \dfrac{35}{49}, \dfrac{120}{256}$

ADDITION DES FRACTIONS

193. Règle. *On réduit d'abord les fractions au même dénominateur. On fait la somme des numérateurs et on lui donne pour dénominateur le dénominateur commun.*

Soit à additionner les fractions $\dfrac{2}{3}, \dfrac{3}{4}, \dfrac{5}{8}, \dfrac{7}{12}$. Je commence par réduire ces fractions au même dénominateur, puisqu'on ne peut additionner que des quantités de même espèce, et non des tiers avec des quarts, etc.

24 étant divisible par tous les dénominateurs, je le prends pour dénominateur commun.

Disposition de l'opération.

$$\frac{2}{3} \quad \frac{3}{4} \quad \frac{5}{8} \quad \frac{7}{12} \qquad 16$$
$$18$$
$$15$$
$$\frac{16}{24} \quad \frac{18}{24} \quad \frac{15}{24} \quad \frac{14}{23} \qquad 14 \qquad \frac{63}{24} = 2\frac{15}{24} = 2\frac{5}{8}$$
$$\frac{}{63}$$

D'après la règle, la somme est $\frac{63}{24}$, ou en extrayant les entiers (n° 183), $2\frac{15}{24} = 2\frac{5}{8}$.

Démonstration. 16 unités $+18+15+14=63$ unités, donc

$$\frac{16}{24} + \frac{18}{24} + \frac{15}{24} + \frac{14}{24} = \frac{63}{24}.$$

194. Addition des nombres fractionnaires. — Règle. *On additionne d'abord les fractions, et si leur somme contient des entiers, on les extrait pour les ajouter à la somme des entiers donnés.*

Ex. Soit à additionner 25 2/3, 18 7/9 et 2 4/5.

$$25\frac{2}{3} = 25\frac{30}{45} \qquad 30$$
$$35$$
$$18\frac{7}{9} = 18\frac{35}{45} \qquad 36 \qquad 101\,|\,45$$
$$\overline{101} \qquad 11\,|\,2$$
$$2\frac{4}{5} = 2\frac{36}{45} \qquad \frac{101}{45}$$

$$\text{Somme} \quad 45 + \frac{101}{45} = 47\frac{11}{45}$$

L'addition des fractions, faite d'après la règle précédente, donne $\frac{101}{45}$ ou $2\frac{11}{45}$. J'écris $\frac{11}{45}$, j'ajoute 2 à la somme des entiers, ce qui donne pour somme totale $47\frac{11}{15}$.

Questionnaire. Donnez la règle d'addition des fractions, — des nombres fractionnaires.

Exercices

637. $\dfrac{3}{4}+\dfrac{1}{6}+\dfrac{2}{3}+\dfrac{5}{12}+\dfrac{1}{12}+\dfrac{7}{12}$. 638. $\dfrac{4}{5}+\dfrac{6}{7}+\dfrac{3}{4}+\dfrac{3}{8}+\dfrac{8}{7}+\dfrac{4}{9}$.

639. $15\,\dfrac{3}{4}+21\,\dfrac{2}{5}+41\,\dfrac{1}{2}+6\,\dfrac{3}{7}$. 640. $62\,\dfrac{1}{4}+128\,\dfrac{4}{9}+26\,\dfrac{5}{4}+43\,\dfrac{2}{3}$.

641. $4\,\dfrac{1}{5}+3+\dfrac{2}{7}+6\,\dfrac{1}{4}+\dfrac{9}{2}$. 642. $8\,\dfrac{1}{4}+21\,\dfrac{7}{8}+24\,\dfrac{11}{43}+17$.

643. Combien de journées de 12 heures dans 3 j. $\cdot\dfrac{1}{3}+8$ j. $\cdot\dfrac{1}{4}+9$ j. $\cdot\dfrac{2}{6}+18$ j. $\cdot\dfrac{5}{12}$?

644. Combien de journées de 10 heures dans 4 j. $\cdot\dfrac{3}{10}+2$ j. $\cdot\dfrac{3}{5}+8$ j. $\cdot\dfrac{4}{5}+19$ j. $\cdot\dfrac{9}{10}+7$ j. $\cdot\dfrac{1}{10}$?

645. Un ouvrier laborieux travaille, sans trop se fatiguer, 1 h. 1.4 de plus par jour que ses camarades : combien a-t-il ainsi gagné dans un mois où il a travaillé 26 jours ? On sait d'ailleurs qu'il est payé 0 fr. 40 par heure.

646. Trois terrassiers de force différente peuvent faire un déblai le 1er en 11 jours, le 2e en 10, le 3e en 12 : combien mettront-ils de jours, s'ils travaillent ensemble sans se gêner mutuellement ?

SOUSTRACTION DES FRACTIONS

195. Règle. *On réduit d'abord les deux fractions au même dénominateur. On retranche ensuite le plus petit numérateur du plus grand et on donne au reste pour dénominateur le dénominateur commun.*

Exemple. Soit à soustraire 4/5 de 7/8.

$$\dfrac{7}{8}=\dfrac{35}{30}$$
$$\dfrac{4}{5}=\dfrac{32}{40}$$

Je réduis les deux fractions au même dénominateur, car on ne peut retrancher que des quantités de même espèce, et non des huitièmes et des cinquièmes. La différence des numérateurs étant 3, $\dfrac{3}{40}$ est celle des fractions.

Démonstration. Si de 35 unités on en retranche 32, il en reste 3 ; donc si de $\dfrac{35}{40}$ on retranche $\dfrac{32}{40}$, il reste $\dfrac{3}{40}$.

196. Soustraction des nombres fractionnaires. — Règle. *On retranche d'abord la fraction qui accompagne le plus petit nombre de celle qui accompagne le plus grand, puis le plus petit nombre du plus grand ; la somme des deux restes est le reste demandé.*

Ex. Soustraire $15\frac{3}{4}$ de $23\frac{6}{7}$.

$$23\,\frac{6}{7} = 23\,\frac{24}{28}$$
$$15\,\frac{3}{4} = 15\,\frac{21}{28}$$
$$\text{Reste } 3\,\frac{3}{28}.$$

Remarque. Lorsque la fraction qui accompagne le plus petit nombre est la plus grande, on ajoute au numérateur de la fraction trop faible son dénominateur. Mais pour que la différence reste la même (n° 38), on ajoute 1 à l'entier du plus petit nombre.

Ex. I. Soustraire $17\frac{4}{5}$ de $29\frac{3}{4}$.

Soustraction rendue possible

$$29\,\frac{3}{4} = 29\,\frac{15}{20} \qquad\qquad 29\,\frac{35}{20}$$
$$17\,\frac{4}{5} = 17\,\frac{16}{20} \qquad\qquad 18\,\frac{16}{20}$$
$$\qquad\qquad\qquad\qquad\qquad 11\,\frac{19}{20}$$

Comme je ne puis retrancher $\frac{16}{20}$ de $\frac{15}{20}$, j'ajoute une unité, ou $\frac{20}{20}$, à la fraction du plus grand nombre, ce qui donne $\frac{20}{20} + \frac{15}{20} = \frac{35}{20}$. Je soustrais $\frac{16}{20}$ de $\frac{35}{20}$, il reste $\frac{19}{20}$. J'ajoute 1 à 17 ; 1 et 17, 18, et 11, 29. Je trouve $11\,\frac{19}{20}$ pour la différence cherchée.

Ex. II. Soustraire 15 5/9 de 43.

$$43 \quad \Big| \quad 43\,\tfrac{9}{9}$$
$$15\,\tfrac{5}{9} \quad \Big| \quad 16\,\tfrac{5}{9}$$
$$\Big| \quad 27\,\tfrac{4}{9}$$

Afin de pouvoir faire la soustraction, j'ajoute 1 ou $\tfrac{9}{9}$, puis, par compensation, j'ajoute 1 à 15, ce qui donne 16 à retrancher de 43. La différence est $27\,\tfrac{4}{9}$.

Questionnaire. *Énoncez la règle de la soustraction des fractions, — des nombres fractionnaires.*

Exercices

647. $\dfrac{3}{4}-\dfrac{3}{5}$. 648. $\dfrac{4}{7}-\dfrac{2}{5}$. 649. $\dfrac{14}{15}-\dfrac{8}{9}$.

650. $\dfrac{4}{5}-\dfrac{3}{7}$. 651. $\dfrac{27}{42}-\dfrac{11}{33}$. 652. $\dfrac{19}{20}-\dfrac{15}{16}$.

653. $\dfrac{1}{3}-\dfrac{1}{4}$. 654. $\dfrac{1}{3}+\dfrac{1}{4}-\dfrac{1}{5}$. 655. $\dfrac{3}{4}+\dfrac{5}{6}-\dfrac{15}{16}$.

656. $\dfrac{6}{7}+\dfrac{4}{6}-\dfrac{1}{2}$. 657. $\dfrac{2}{3}+\dfrac{3}{9}-\dfrac{20}{21}$. 658. $\dfrac{4}{15}+\dfrac{3}{5}-\dfrac{8}{15}$.

659. $(6\,\tfrac{1}{4})-(4\,\tfrac{1}{6})$. 660. $(3\,\tfrac{2}{5})-(4\,\tfrac{1}{2})$. 661. $(3\,\tfrac{5}{7})-(2\,\tfrac{1}{4})$.

662. $(5\,\tfrac{6}{7}+\tfrac{1}{2})-(3\,\tfrac{8}{9})$. 663. $(4\,\tfrac{5}{7})+(1\,\tfrac{1}{2})-(3\,\tfrac{1}{6}+2\,\tfrac{3}{5})$. 664. $49\,\tfrac{8}{6}-\tfrac{27}{4}$.

665. Un ouvrier a 23 journées 13 de travail et son compagnon 25 3/4 : quelle est la différence de leurs salaires s'ils gagnent l'un et l'autre 3 fr. par journée?

MULTIPLICATION DES FRACTIONS

On distingue trois cas :

197. Iᵉʳ Cas. *Multiplication d'une fraction par un entier.*

EXEMPLE. $\dfrac{9}{14}\times 7$.

Règle. *Pour multiplier une fraction par un entier, on multiplie le numérateur par l'entier, sans toucher au dénominateur ; ou bien on divise, quand on le peut, le dénominateur par l'entier sans toucher au numérateur.*

Ex. I. *Multiplier* $\dfrac{3}{7}$ *par* 6. Le produit est égal à $\dfrac{3\times 6}{7}=\dfrac{18}{7}$.

En effet, le multiplicateur se formant de 6 fois l'unité, le produit doit, d'après la définition du n° 100, se former de 6 fois le multiplicande ou être 6 fois plus grand. Le produit sera donc $\dfrac{18}{7}$.

Ex. II. *Multiplier* $\dfrac{9}{14}$ *par* 7. Je divise le dénominateur par 7, et j'ai $\dfrac{9}{2}$ pour produit. En effet, multiplier une quantité par 7, c'est (n° 46) répéter 7 fois cette quantité, ou la rendre 7 fois plus grande. Or on rend (n° 187, 2°) une fraction 7 fois plus grande en divisant son dénominateur seul par 7.

189. 2ᵉ Cas. *Multiplication d'un entier par une fraction.* **EXEMPLE.** $4 \times 5/8$.

Règle. *Pour multiplier un entier par une fraction, on multiplie l'entier par le numérateur sans toucher au dénominateur; ou bien on divise, quand on le peut, le dénominateur par l'entier, sans toucher au numérateur.*

Ex. I. *Multiplier* 4 *par* $\dfrac{5}{7}$. Le produit est égal à $\dfrac{4\times 5}{7}=\dfrac{20}{7}$.

En effet, le multiplicateur se formant des $\dfrac{5}{7}$ de l'unité, le produit sera les $\dfrac{5}{7}$ du multiplicande 4; or $\dfrac{1}{7}$ de 4 vaut $\dfrac{4}{7}$ et les $\dfrac{5}{7}$ valent 5 fois plus, ou $\dfrac{4\times 5}{7}=20/7$.

Ex. II *Multiplier* 4 *par* $\dfrac{5}{8}$. Je divise 8 par 4, ce qui donne 2, et j'ai $\dfrac{5}{2}$ pour le quotient demandé. En effet, le produit doit être (n° 100) les $\dfrac{5}{8}$ de 4; or $\dfrac{1}{8}$ de 4 est (n° 184) $\dfrac{4}{8}$, ou $\dfrac{1}{2}$: les $\dfrac{5}{8}$ sont donc $\dfrac{5}{2}$.

99. 3ᵉ Cas. *Multiplication d'une fraction par une fraction.* EXEMPLE. $3/4 \times 5/8$.

Règle. *On multiplie les numérateurs entre eux et les dénominateurs entre eux.*

Ex. *Multiplier* $\dfrac{3}{4}$ *par* $\dfrac{5}{8}$. Le produit est égal à $\dfrac{3 \times 5}{4 \times 8} = \dfrac{15}{32}$.

En effet, le multiplicateur se formant des $\dfrac{5}{8}$ de l'unité, le produit sera les $\dfrac{5}{8}$ de $\dfrac{3}{4}$. Le 8ᵉ de $\dfrac{3}{4}$ est 8 fois plus petit que $\dfrac{3}{4}$, il est donc $\dfrac{3}{4 \times 8}$; les $\dfrac{5}{8}$ valent 5 fois plus ou $\dfrac{3 \times 5}{4 \times 8} = \dfrac{15}{32}$.

100. Multiplication des nombres fractionnaires. *On convertit les nombres fractionnaires en fractions et l'on applique la règle des fractions.*

Ex. *Multiplier* $6\,\dfrac{3}{4}$ *par* $9\,\dfrac{5}{7}$. $6\,\dfrac{3}{4} = \dfrac{27}{4}$ et $9\,\dfrac{5}{7} = \dfrac{68}{7}$:

d'où $6\,\dfrac{3}{4} \times 9\,\dfrac{5}{7} = \dfrac{27}{4} \times \dfrac{68}{7} = \dfrac{1836}{28} = 65\,\dfrac{16}{28} = 65\,\dfrac{4}{7}$.

Questionnaire. Énoncez les 3 cas de la multiplication des fractions et dites la règle pour chacun d'eux. — Comment se fait la multiplication des nombres fractionnaires?

Exercices

666. $4/5 \times 2$. $5/6 \times 2$.

667. $3 \times 4/7$. $8 \times 5/12$.

668. $3/4 \times 2/5$. $5/6 \times 2/3$.

669. $4/5 \times 8/9$. $16/17 \times 3/7$.

670. $\dfrac{19}{21} \times \dfrac{6}{11}$. $\dfrac{15}{19} \times \dfrac{11}{14}$.

671. $\dfrac{25}{45} \times \dfrac{15}{35}$. $\dfrac{1}{2} \times \dfrac{18}{11}$.

672. $\dfrac{1}{3} \times \dfrac{21}{15}$. $1/6 \times 1/7$.

673. $\dfrac{32}{34} \times \dfrac{1}{6}$. $\dfrac{16}{15} \times \dfrac{4}{3}$.

674. $(1\,1/3) \times 4/5$. $(2\,8/9) \times 6$.

675. $(4\,5/7) \times (3\,2/3)$. $2/5 \times (4\,5/6)$.

676. Un plâtrier a fait 5 j. 1/4 à 3 fr. : combien a-t-il dû recevoir ?

677. Un propriétaire doit à 4 maçons : au 1ᵉʳ 32 j. 1/4 à 3 fr.,50 ; au 2ᵉ 28 j. 5/6 à 3 fr. ; au 3ᵉ 31 j. 1/2 à 4 fr. ; au 4ᵉ 35 j. 2/5 à 3 fr.,25 : combien à donner à chaque ouvrier? combien en tout ?

DIVISION DES FRACTIONS

On distingue deux cas.

201. 1er cas. *Division d'une fraction ou d'un entier par une fraction.*

Règle. *On multiplie le dividende par le diviseur renversé.*

1º *Soit à diviser* $\frac{3}{4}$ *par* $\frac{2}{5}$. Réduites au même dénominateur, ces fractions deviennent $\frac{15}{20}$ et $\frac{8}{20}$.

J'ai donc ici à diviser $\frac{15}{20}$ par $\frac{8}{20}$, ou, ce qui revient au même (nº 72), 15 par 8. Le quotient est par conséquent $\frac{15}{8}$.

Or $\frac{15}{8} = \frac{3 \times 5}{4 \times 2}$, ce qui peut (nº 198) s'écrire $\frac{3}{4} \times \frac{5}{2}$. Donc, etc.

2º *Soit à diviser* 3 *par* 2/5. En mettant 3 sous forme de fraction, il vient $3 = \frac{15}{5}$. J'ai donc à diviser $\frac{15}{5}$ par $\frac{2}{5}$, ce qui donne pour quotient : $\frac{15}{2} = \frac{3 \times 5}{2} = 3 \times \frac{5}{2}$. Donc, etc.

202. 2º Cas. *Division d'une fraction par un entier.*

Règle. *On multiplie le dénominateur de la fraction par l'entier sans toucher au numérateur; ou on divise, quand on le peut, le numérateur par l'entier sans toucher au dénominateur.*

Soit à diviser 6/7 *par* 3. En mettant 3 sous forme de fraction, il vient $3 = \frac{21}{7}$. J'ai donc à diviser $\frac{6}{7}$ par $\frac{21}{7}$, ce qui donne pour quotient $\frac{6}{21} = \frac{6}{7 \times 3}$. Donc, etc.

Mais comme le numérateur est divisible par 3, je puis diviser les deux termes par 3 (nº 188), ce qui donne pour quotient $\frac{2}{7}$. Donc au lieu de multiplier le dénominateur par le diviseur, il revient au même de diviser le numérateur **par ce** nombre, toutes les fois que l'opération est possible.

Remarque. On sait, en effet (n°s 187, 186), qu'en multipliant le dénominateur, ou divisant le numérateur d'une fraction par un nombre entier, on rend la fraction ce même nombre de fois plus petite, c'est-à-dire qu'on la divise par ce nombre.

203. Division des nombres fract. ...onnaires. On convertit les nombres fractionnaires en fractions, et l'on applique la règle des fractions.

Ex. Diviser 2 1/3 par 5 3/4.   2 1/3 = 7/3 et $5\ 3/4 = \dfrac{23}{4}$.

J'ai à diviser 7/3 par $\dfrac{23}{4}$, ce qui donne $\dfrac{7 \times 4}{3 \times 23} = \dfrac{28}{69}$.

204. Conversion des fractions ordinaires en fractions décimales. Les opérations sur les fractions décimales étant plus commodes que celles sur les fractions ordinaires, il est bon de savoir convertir une fraction ordinaire en fraction décimale.

Règle. *On divise le numérateur par le dénominateur, après l'avoir fait suivre d'autant de zéros qu'on veut obtenir de décimales.*

Ex. I. Convertir 3/4 en *centièmes*. Comme 3 = 300 centièmes, j'ai à prendre le quart de 300 centièmes : Or le quart de 300 centièmes est 75 centièmes donc 3/4 = 0,75.

Ex. II. Convertir $\dfrac{17}{24}$ en fraction décimale, à 0,001 près.

Comme 17 = 17000 millièmes, j'ai à prendre le 24ᶜ de 17000 millièmes. Or ce 24ᶜ est 708 millièmes avec un reste moindre que 0,001 : donc $\dfrac{17}{24} = 0,708$, à 0,001 près.

Questionnaire. Énoncez les 2 cas de la division des fractions et dites la règle pour chacun d'eux. Comment se fait la division des nombres fractionnaires? — Dites la règle pour convertir des fractions ordinaires en fractions décimales.

Exercices

678. 3/5:2; 4/5:2.   679. 3:5/12; 4:3/5.

680. 3/4:2/5; 1/3:1/2.   681. 4/7:5/8; 3/8:9/5.

682. $\dfrac{6}{11} : \dfrac{8}{9} ; \dfrac{15}{18} : \dfrac{5}{6}$.

683. $\dfrac{6}{15} : \dfrac{2}{3} ; \dfrac{8}{11} : \dfrac{7}{15}$.

684. 1/2 : 9/8 ; 1/3 : 6/5.

685. 13/7 : 8/5 ; 4/3 : 3/4

686. (1 2/3) : 3 ; (2 1/5) : (3 1/4).

687. (4 1/4) : 2/3 ; 3/5 : (6 1/7).

688. Evaluer 5/8, 4/9, 2/3, 5/7 en *centièmes*.

689. Evaluer $\dfrac{8}{11}$, $\dfrac{9}{12}$, $\dfrac{4}{9}$, $\dfrac{11}{13}$ en *millièmes*.

690. Quel est le *tiers* de 1, de 4, de 5, de 7 ?

691. Quel est le *quart* de 5, de 9, de 11 ?

692. Quel est le *cinquième* de 1/3, de 1/4, de 1/5, de 5/6 ?

693. Quels sont les 2/3 de 3, de 4/5, de 3/8 ?

694. Quels sont les 3/5 de 5, de 8/5, de 2/3 ?

695. Quel est le nombre dont les 9/7 valent 432 ?

696. Quel est le nombre dont 1/2+1/4+1/5 vaut 418 ?

697. Une personne a la mauvaise habitude de perdre en moyenne $1^h 1/4$ par jour. Combien cette perte fait-elle de journées de 12 h. pendant 306 jours ? Combien ce temps serait-il payé à 0 fr., 30 l'heure ?

Calcul mental

205. 1° 0,5=1/2 : donc multiplier par 0,5 c'est diviser par 2.

2° 0,25=1/4 : donc multiplier par 0,25 c'est diviser par 4.

Par suite de ces égalités,

3° Diviser par 0,5 c'est multiplier par 2.

4° Diviser par 0,25 c'est multiplier par 4.

Il résulte de ces remarques que

1° Multiplier par 5 c'est diviser par 2 et multiplier par 10.

2°   —   25   —   4   —   100.

3° Diviser par 5 c'est multiplier par 2 et diviser par 10.

4°   —   25   —   4   —   100.

EXEMPLES. 1° $34 \times 5 = (34 : 2) \times 10 = 170$; 2° $16 \times 25 = (16 : 4) \times 100 = 400$; 3° $140 : 5 = 140 \times 2 : 10 = 28$; 4° $32 \times 25 = 32 \times 4 : 100 = 1,28$.

On peut encore remarquer que 0,75=3/4, et que par conséquent pour multiplier un nombre par 0,75 il suffit de lui retrancher son quart. Par exemple $48 \times 0,75 = 36$. Inversement, diviser par 0,75 revient à multiplier par (son inverse) 4/3 et par conséquent la division se fera en ajoutant au dividende son propre tiers.

Ainsi $36 : 0,75 = 36 + 1/3$ de $36 = 48$.

CHAPITRE VI

RÈGLES DE TROIS, D'INTÉRÊT, ETC.

206. La règle de trois est *simple* si elle ne contient que 3 données, et *composée* si elle en contient plus de 3.

207. Règle de trois simple. Problème I. 24^m d'é-

toffe ont coûté 264 fr. : combien coûteront, dans les mêmes conditions, 57^m de cette étoffe?

On est convenu de désigner l'inconnue par x (x ici représente le prix des 57^m), et d'écrire l'énoncé en abrégé sur deux lignes, les données correspondantes les unes sous les autres et l'inconnue sur la *seconde ligne.*

	Disposition des données		*Solution*
24^m	264^f		
57^m	x		$x = \dfrac{264 \times 57}{24} = 627.$

Solution. Si 24^m coûtent 264 fr., 1^m coûtera 24 moins, ou (n° 184) $\dfrac{264}{24}$

et 57^m coûteront 57 fois plus ou (n° 186) $\dfrac{264 \times 57}{24}$. J'effectue les calculs

et je trouve 627 fr. pour le prix des 57^m (Voir n° 221 pour la solution au tableau).

208. Problème II. *Pour remplir un fût, il faut 260 bouteilles de 82 centilitres · combien faudrait-il de bouteilles de 78 centilitres?*

82^{cl}	260		
78^{cl}	x		$x = \dfrac{260 \times 80}{78} = 273.$

Solution. Si la bouteille ne contenait que 1^{cl}, il faudrait 82 fois plus de bouteilles ou 260×82; mais la bouteille étant de 78^{cl}, il en faudra

78 fois moins ou $\dfrac{260 \times 82}{78}$.

De ces deux solutions nous déduirons la règle suivante :

209. Règle. *Pour calculer l'inconnue dans une règle de trois, on pose* x, *le signe d'égalité (=) à droite, on tire un trait horizontal au-dessus duquel on écrit la quantité correspondante à l'inconnue. Toutes les fois que, en raisonnant sur un des nombres donnés, on est conduit à dire tant de fois plus , on le met en numérateur ; quand on est conduit à dire tant de fois moins, on le met au contraire en dénominateur.*

210. Règle de trois composée. Problème III.
16 ouvriers travaillant 9 heures par jour, ont mis 12 jours pour faire un mur de 150^m de long, 2^m,40 de haut et 0^m,50 d'épaisseur. Combien 18 ouvriers, travaillant 10 heures par jour , mettront-ils de jours pour faire un autre mur ayant 200^m de long, 2^m,50 de haut et 0^m,60 d'épaisseur?

(1)	15°	9^h	12^j	150^m	2^m,40	0^m,50
(2)	18°	10^h	x	200^m	2^m,50	0^m,60
(3)						

$$x = \frac{12 \times 15 \times 9 \times 200 \times 25 \times 6}{150 \times 24 \times 5 \times 18 \times 10} = 15 \text{ jours.}$$

Solution. Si au lieu de 15 ouvriers il n'y en avait que 1, il mettrait 15 fois plus de temps (en disant cela j'écris 15 au numérateur de x). Si cet ouvrier, au lieu de travailler 9 heures, ne travaillait que 1^h, il mettrait encore 9 fois plus de jours (j'écris 9 au numérateur de x). Si au lieu de 150^m de long le mur n'avait que 1^m, l'ouvrier mettrait 150 fois moins de jours (j'écris 150 au dénominateur). Si au lieu de 24^{dm} (') de

(') J'ai réduit les hauteurs et les épaisseurs en décimètres afin de pouvoir dire 24 fois moins, 25 fois plus, etc.

haut le mur n'avait que 1^{dm}, l'ouvrier emploierait 24 fois moins de jours (j'écris 24 au dénominateur). Enfin, si au lieu de 5^{dm} d'épaisseur, le mur n'avait que 1^{dm}, l'ouvrier mettrait 5 fois moins de jours (j'écris 5 au dénominateur).

La ligne (1) étant épuisée, je passe à la ligne (2) en disant : 18 ouvriers (au lieu de 1) mettront 18 fois moins de jours (j'écris 18 au dénominateur). Si ces ouvriers travaillent 10^h (au lieu de 1^h) ils mettront 10 fois moins de jours (j'écris 10 au dénominateur). S'ils font un mur de 200^m de long (au lieu de 1^m) ils mettront 200 fois plus de jours (j'écris 200 au numérateur). Si le mur a 25^{dm} de haut (au lieu de 1^{dm}), ils mettront 25 fois plus de jours. Enfin si le mur a 6^{dm} d'épaisseur (au lieu de 1^{dm}), ils mettront 6 fois plus de jours.

La ligne (2) étant épuisée, il n'y a plus qu'à effectuer les calculs indiqués, ce qui donne 15 pour le nombre de jours que les 18 ouvriers mettront pour faire le mur ayant 200^m de long, etc.

211. Remarque I. La solution du problème III n'a été donnée que comme exercice. On conçoit en effet qu'un ouvrier ne fait guère plus d'ouvrage en 12 heures qu'en 13 ; car au bout de 12 heures de travail ses forces sont à peu près épuisées. De même, lorsque l'épaisseur d'un mur devient double, le temps est loin de se doubler, puisque le parement demande beaucoup plus de travail que l'intérieur.

212. Remarque II. On peut souvent modifier l'expression de manière à abréger les calculs. On divise pour cela ses deux termes par les facteurs communs dont on peut reconnaître l'existence.

Nous avons trouvé pour le premier problème $x = \dfrac{264 \times 57}{24}$. 264 et 24 étant divisibles par 4, on tire un trait sur chacun de ces nombres, et on écrit *au-dessus* de 264 son quotient par 4, c'est-à-dire 66, et *au-dessous* de 24 son quotient par 4, c'est-à-dire 6. 66 et 6 étant divisibles par 6, on tire un trait sur chacun de ces nombres et on écrit au-dessus de 66 son quotient par 6, c'est-à-dire 11. Pour trouver la valeur de x, on n'a plus qu'à multiplier 11 par 57.

Les simplifications auxquelles peuvent donner lieu les expressions analogues à celles qu'on a trouvées dans les deux autres questions se découvrent aisément ; elles ne doivent jamais être négligées.

213. Remarque III. Les quantités correspondantes doivent être ramenées à représenter la même unité. S'il y a des années, des mois et des jours, on convertit le tout en jours. Enfin on réduit au même dénominateur les fractions ou nombres fractionnaires qui se correspondent et on supprime le dénominateur commun.

Problème. *6^m de toile à $3/4^m$ de large ont coûté $10^f,80$. Combien coûteront 9^m de toile de même qualité ayant $4/5^m$ de large ?*

$$
\begin{array}{ccc}
6^m & \dfrac{3}{4} & 10^f,80 \\
9^m & \dfrac{4}{5} & x
\end{array}
\quad \text{ou} \quad
\begin{array}{ccc}
6^m & \dfrac{15}{20} & 10^f,80 \\
9^m & \dfrac{16}{20} & x
\end{array}
\qquad
x = \dfrac{10,80 \times 9 \times 16}{6 \times 15}
$$

Solution. Nous commencerons par réduire les fractions au même dénominateur, ce qui donne 15/20 et 16/20.

Si au lieu de 6^m on avait acheté 1^m, on aurait payé 6 fois moins (6 au dénominateur). Si au lieu de $\dfrac{15}{20}$ de large cette toile avait eu $\dfrac{1}{20}$ on aurait payé 15 fois moins. Si on avait acheté 9^m au lieu de 1, on aurait payé 9 fois plus. Enfin, si cette toile avaiteu $\dfrac{16}{20}$ au lieu de $\dfrac{1}{20}$, on aurait payé 16 fois plus. On effectue les calculs pour trouver la valeur de x. Le dénominateur 20 ne figure pas dans la valeur de x; elle ne contient que les numérateurs 15 et 16. Il en est toujours ainsi.

Exercices

698. On achète un pain de sucre de $8^{kg},500$ à raison de 135 fr. les 100^{kg}. Combien à donner ?

699. Un marchand a payé $1^f,80$ la grosse de crayons : à combien lui revient la douzaine ? Combien gagne-t-il par douzaine en revendant le le crayon $0^f,05$.

700. En Lorraine les ceps de vigne sont au nombre de 40 000 par hectare et le produit moyen est de 21 hl. de vin : dire combien produit annuellement chaque centaine de ceps. On demande le résultat en litres.

701. 100 kg. de farine absorbent 33 l. d'eau et donne 133 kg. de pain : 1° quelle quantité d'eau faut-il pour pétrir 58 kg. de farine; 2° Combien aura-t-on de *kg* de pain.

702. Pour faire 5^{mc} de maçonnerie il faut 6^{mc} de pierre brute et 2^{mc} de mortier : combien faut-il de *mc* de pierre brute et de mortier pour un mur de 25^m de longueur sur $2^m,10$ de hauteur et $0^m,45$ d'épaisseur ?

703. Le pavage d'une cour demande 3 600 pavés ayant 16^{cm} sur 14 : combien faudrait-il de pavés ayant 20^{cm} sur 18 ?

RÈGLE D'INTÉRÊT

215. On appelle *intérêt* le bénéfice que l'on retire d'une somme prêtée, l'intérêt est donc le loyer de l'argent.

216. On nomme *capital* la somme prêtée.

217. Le *taux* est l'intérêt que, d'après les conventions, un capital de 100 francs doit rapporter dans un an.

Le taux s'indique ainsi : 4 0/0, 5 0/0; lisez 4 pour 100, 5 pour 100.

L'intérêt dépend du capital, du temps pendant lequel il est prêté et du taux.

218. On appelle *rente* l'intérêt annuel d'un capital. La rente ne dépend donc que du capital et du taux.

219. Pour plus de facilité, on donne dans le commerce 360 jours à l'année; cependant, quand la durée du prêt n'est pas d'un nombre exact d'années, chaque mois compte pour le nombre de jours qu'il contient. Ajoutons que, devant les tribunaux civils, l'année est de 365 jours.

220. L'intérêt est *simple* lorsque le capital reste le même pendant toute la durée du prêt. L'intérêt est *composé* lorsqu'il s'ajoute à la fin de chaque année au capital pour produire lui-même intérêt.

Comme nous allons le voir, les questions sur l'intérêt simple ne sont que des règles de trois.

221. Problème. *Quelle est la rente à 4 1/2 0/0 d'un capital de 2 753 fr. 20 ?*

L'énoncé donne :

$$100^f \qquad 4,50 \qquad x = \frac{4,50 \times 2\ 753,20}{100} = 123\ \text{fr.}, 89$$
$$2\ 753,20 \qquad x$$

Solution. 100^f rapportent
$$4,50$$

$$1 \quad — \qquad 100 \text{ fois moins ou } \frac{4,50}{100}$$

$$2\ 753,20 \quad — \quad 2\ 753,20 \text{ fois plus ou } \frac{4,50 \times 2\ 753,20}{100}$$

En effectuant on trouve $x = 123$ fr.,89, ou mieux 123 fr.,90.

222. Règle. *Pour obtenir la rente d'un capital on le multiplie par le taux et on recule la virgule de 2 rangs en ne conservant au produit que 3 décimales* (1).

223. Problème II. *Quel est l'intérêt de 4 237 fr. placés pendant 3 ans à 5 0/0 ?*

L'énoncé donne :

$$100^f \qquad 5^f \qquad 1^{an} \qquad x = \frac{5 \times 4\ 237 \times 3}{100} = 635^f,55.$$
$$4\ 237^f \qquad x \qquad 3$$

Solution. 100^f rapportent en 1 an . . . . . 5^f

$$1^f \quad — \quad — \quad 100 \text{ fois moins ou } \frac{5}{100}$$

$$4\ 237^f \quad — \quad — \quad 4\ 237 \text{ fois plus } \frac{5 \times 4\ 237}{100}$$

$$4\ 237^f \quad — \quad 3 \quad 3 \text{ fois plus } \frac{5 \times 4\ 237 \times 3}{100}$$

(1) Si le taux est est 5, l'intérêt étant évidemment le 20e du capital, on prend la moitié du capital et on recule la virgule d'un rang en se bornant aux centièmes.

En effectuant on trouve $x = 635$ fr., 55

224. Règle. *Pour trouver l'intérêt que rapporte un capital pendant un certain nombre d'années, on multiplie le capital par le taux et par ce nombre d'années, puis on recule la virgule de 2 rangs en ne conservant au produit que 2 décimales.*

225. Problème. *Un capital de 6 540 fr. a été placé à 5 0/0 du 25 mars au 12 juillet : calculer l'intérêt.*

Solution. Je cherche le nombre de jours écoulés du 25 mars inclusivement au 12 juillet exclusivement (1). Il y en a 7 à compter en mars et seulement 11 en juillet, la durée du prêt est donc $7+30+31+30+11=109$ jours.

L'énoncé donne :

100 fr.   5 fr.   360 jours
6 540 x 109

$$x = \frac{5 \times 6\,540 \times 109}{100 \times 360} = 97 \text{ fr.}, 64$$

$$100^f \text{ rapportent en 360 jours} \dots\dots 5^f$$

$$1^f \quad - \quad - \quad 100 \text{ fois moins} \quad \frac{5}{100}$$

$$1^f \quad - \quad 1 \quad 360 \text{ fois moins} \quad \frac{5}{100 \times 360}$$

$$6\,450^f \quad - \quad - \quad 6\,420 \text{ fois plus} \quad \frac{5 \times 360}{100 \times 360}$$

$$6\,450^f \quad - \quad 109 \quad 109 \text{ fois plus} \quad \frac{5 \times 6\,450 \times 109}{100 \times 360}$$

En effectuant on trouve $x = 97^f,64$, ou mieux $97^f,65$.

226. Règle. *Pour obtenir l'intérêt d'un capital on le multiplie par le taux, par le nombre de jours pendant lequel il est resté placé et on divise par 36 000.*

227. Remarque. Les calculs indiqués par cette règle peuvent généralement être simplifiés, parce que le taux est le plus souvent un nombre entier seul ou suivi de l'une des fractions $\frac{1}{4}$, $\frac{1}{2}$, $\frac{3}{4}$, et qu'il y a lieu d'appliquer la remarque du n° 212. Examinons quelques cas particuliers, dans lesquels le taux est un des diviseurs de 36 000; alors le déno-

____

(1) Il est d'usage de tenir compte du jour où la somme a été prêtée et de négliger celui où elle a été rendue.

minateur se réduit au quotient de 36 000 par ce taux, et le numérateur n'est plus que le produit du capital par le nombre de jours.

Le *taux* étant   2,   3,   4,   4 1/2,   5,   6,
le *dénominat*ᵣ est 18 000, 12 000, 9 000, 8 000, 7 200, 6 000.

INTÉRÊT COMPOSÉ

228. Problème. *On a placé 800 fr. à intérêt composé à 5 0/0. Quelle somme devra-t-on retirer au bout de 3 ans?*

Solution. Puisqu'il ne s'agit plus ici d'intérêt simple, l'intérêt doit (n° 220) à la fin de chaque année, s'ajouter au capital pour porter lui-même intérêt pendant l'année suivante.

Le capital placé est ici	800 fr.
Son intérêt à 5 0/0 est (n° 222)	40 fr.
Pendant la 2ᵉ année le capital sera donc	840 fr.
et produira d'intérêts	42 fr.
Au commencement de la 3ᵉ année le capital sera	882 fr.
et rapportera d'intérêts	44 fr.,10

de sorte qu'à la fin de cette 3ᵉ année ce capital sera de 926 fr.,10

Ainsi l'intérêt composé s'élève à 126 fr.,10, tandis que l'intérêt simple n'eût été que 120 fr.

De cet exemple concluons la règle suivante.

229. Règle. *Pour trouver ce que devient un capital placé à intérêt composé, on en calcule d'abord la rente, puis on l'ajoute au capital, ce qui en donne un nouveau, dont on cherche la rente; on ajoute celle-ci au nouveau capital, ce qui en donne un 3ᵉ, sur lequel on opère comme sur les 2 premiers; on continue ainsi jusqu'à ce qu'on ait épuisé le nombre d'années.* (Voir une autre méthode sur le *Nouveau Cours d'Algèbre de M. Ph. André.*

Remarque. Si ces 800 fr. restaient placés pendant 3 ans 68 j., nous chercherions, comme nous venons de le faire, leur valeur au bout 3 ans, savoir 926 fr.10, puis nous supposerions ces 926 fr.10 placés à intérêt simple pendant 68 jours.

230. Citons quelques résultats remarquables de ce que l'on appelle souvent la *puissance de l'intérêt composé*, résultats qui méritent bien de fixer l'attention, puisque c'est réellement l'intérêt composé que donnent les caisses d'épargne, la Caisse des dépôts de consignation, (1) etc.

Pour doubler un capital il faut beaucoup moins de temps à intérêt composé qu'à intérêt simple, et cela suivant ce tableau qu'il est inutile d'expliquer.

Taux	6	5 1/2	5	4 1/2	4	3 1/2	3	0/0
Intérêt composé : moins de	12	13	15	16	18	21	24	} ans
Intérêt simple : plus de	16	18	20	22	25	27	33	}

C'est encore sur les intérêts composés, combinés avec les *chances de mortalité*, que sont fondées les opérations des *compagnies d'assurances sur la vie* et celles de la *Caisse de retraites pour la vieillesse.*

ASSURANCES SUR LA VIE

231. Première question. *Un père place 100 fr. sur la tête de son enfant au moment où il accomplit sa 2e année. Quelle somme cet enfant retirera-t-il dans 19 ans, c'est-à-dire lorsqu'il aura 21 ans révolus, autrement dit qu'il atteindra sa majorité ?*

Solution. En 19 ans, et à 4 0/0, cette somme sera devenue 210 fr., 69. Mais comme la compagnie d'assurance n'a rien à payer aux familles des enfants décédés dans le courant des 19 ans, il est clair qu'elle doit faire bénéficier de toutes les sommes restées libres les jeunes assurés qui arrivent à leur majorité. Nous admettons en effet qu'elle ne *compte* les intérêts qu'à 4 0/0, tandis qu'elle *fait valoir* à un taux plus élevé les sommes qui lui sont confiées, ce qui lui permet de rentrer dans ses frais, et de faire un bénéfice

(1) Cette caisse sert à 4 1/2 0/0 l'intérêt des sommes placées par les sociétés de secours mutuels, à 4 0/0 celui des sommes versées par les Caisses d'épargne. Pour les autres dépôts, elle ne donne habituellement que 3 0/0 comme pour les cautionnements de tous les agents des finances (Trésoriers-payeurs généraux, Receveurs particuliers, Percepteurs, Receveurs des Domaines, etc.).

nécessaire à la prospérité de toute entreprise financière. Or, la *Statistique* prouve que sur 1 006 enfants qui accomplissent simultanément leur 2e année, il en rest·, en moyenne, toujours 806 au bout de 19 ans. Si donc 1 006 pères de famille ont, le même jour, placé 100 fr. chacun sur la tête de son enfant entrant dans sa 3e année, au bout de 19 ans, il n'y aura que 806 de ces assurés qui puissent venir réclamer à la compagnie le résultat de l'opération commune aux **1 006** familles ; ils devront se partager également entre eux la somme totale, c'est-à-dire 1 006 fois 210 fr.,69 ou 211 954 fr.,14. La part de chacun s'obtiendra en divisant par 806, et sera 262 fr., 97.

232. II⁰ question. *Un mari place sur **la tête** de sa femme âgée de 26 ans accomplis une somme de **100 fr.** pour qu'elle en touche le produit à 60 ans si elle vit à cette époque. Donner le résultat de l'opération.*

Solution. En 34 ans ces 100 fr. à 4 0/0 seraient, par le seul fait de l'accumulation des intérêts, devenus 376 fr., 40. Mais comme sur 766 personnes arrivant en même temps à 26 ans accomplis il n'y en a que 463 qui atteignent, après 34 ans, à la fin de leur 60e année, on voit, comme tout à l'heure, que le capital revenant à chacun des assurés survivants s'obtient en multipliant 379 fr., 40 par 766 et divisant le produit par 463, ce qui donne 625 fr.,53. Telle est la somme que la prévoyance du mari aura assurée à sa femme.

233. Caisse de retraites. Les tableaux annexés à la loi du 18 juin 1850 montrent que pour assurer, soit à un des siens, soit à soi-même, une rente viagère de 10 fr., 69, à partir de 60 ans accomplis, il suffit de verser une somme de 10 fr. au moment où l'assuré achève sa 20e année. D'après cela, cherchons quelle somme doit placer un mari sur la tête de sa femme âgée de 20 ans pour qu'elle touche, à partir de 60 ans une rente de 250 fr.

La rente double, triple naturellement en même temps que le capital placé. Nous avons donc à résoudre la règle de trois suivante :

$$\begin{array}{cc} 10,69 & 10 \\ 250 & x \end{array} \quad \text{d'où } x = \frac{250 \times 10}{10,69} = 233^f,86, \text{ ou } 233^f,85$$

Exercices

704. A 5 0/0, quel est l'intérêt de 10 fr., de 20 fr., de 50 fr., de 80 fr.?
705.   —   —   120 fr., de 130 fr., de 250 fr. ?
706.   —   —   60 fr.,50, de 125 fr.,80 ?
707.   —   —   pour 6 mois, de 320 fr., de 250 fr.,40?
708.   —   —   pour 123 jours, de 2 540 fr.,60?
709. Répondez aux mêmes questions dans le cas où le taux serait 4, 4 1/2, 4 1/4, 3, 3 1/2 (25 exercices).

733. Une propriété qui a coûté, tous frais compris, 2 350 fr. rapporte net 240 fr. par an : à quel taux l'argent est-il placé?

734. Un cheval qui a coûté 375 fr. a été revendu 410 fr. : de combien 0/0 est le gain brut?

735. Quelle somme faut-il placer à 5 0/0 pour avoir 120 fr. d'intérêt par mois ?

736. Un marchand a acheté du drap qui lui revient à 11 fr.,50 le mètre : combien doit-il le revendre pour que son bénéfice brut soit de 20 0/0?

737. Un marchand revend de la toile 2 fr. le mètre, à ce prix il a un bénéfice brut de 15 0/0 : quel a été le prix d'achat?

738. Une somme de 2 530 fr. est restée pendant 2 ans 138 jours à intérêt composé : calculer cet intérêt à 4 1/2 0/0.

739. Un membre d'une société de secours mutuels qui paie 6 fr. de cotisation depuis 10 ans, reçoit à titre d'indemnité pour frais de maladie une somme de 84 fr. Rentre-t-il ainsi dans la vraie valeur de ses déboursés, calculée au taux de 4 1/2 0/0 ?

740. Quel est le capital qui, à 4 1/2 0/0, a produit, en 3 ans (intérêt simple) 84 fr. d'intérêt?

741. Trouver le temps pendant lequel une somme de 850 fr. est restée placée à intérêt simple à 3 0/0, sachant qu'elle a rapporté 102 fr. (1)

RÈGLE D'ESCOMPTE

234. On appelle *escompte* la retenue que le banquier fait sur le montant d'un *billet* qu'il échange contre de l'argent comptant avant l'*échéance*, c'est-à-dire avant l'époque convenue et obligatoire du payement.

235. On nomme *montant* ou *valeur nominale* d'un billet la somme portée sur ce billet.

---

(1) Dans quelques examens, on propose quelquefois des exercices analogues aux 2 dernier : voilà pourquoi nous les donnons.

236. La *valeur au comptant* est la somme donnée par le banquier.

Le banquier calcule au taux déterminé l'intérêt que rapporterait, jusqu'à l'échéance, le montant du billet. Il retient cet intérêt, qui n'est autre que l'escompte, et donne le reste au porteur.

D'après ce qui précède le calcul de l'escompte n'est qu'un calcul ordinaire d'intérêt, seulement on dit escompte au lieu d'intérêt et *taux d'escompte*, au lieu de taux d'intérêt.

237. Problème. *Le 19 juin, on présente à un banquier un billet de 900 fr., payable fin novembre suivant : on demande la valeur au comptant, le taux d'escompte étant 6.*

Solution. Je cherche d'abord combien il y a de jours du 19 juin au 30 novembre. Il reste encore 12 jours du mois de juin, 18 étant écoulés. On n'en prendra que 29 en novembre.

$$12+31+31+30+31+29=164.$$

Il ne s'agit donc plus que de calculer l'intérêt de 900 fr. pour 164 jours. D'après la règle du n° 222, cet intérêt est 24 fr., 60. L'escompte étant 24 fr., 60, le porteur recevra $900^f—24^f,60=875^f,40$.

Bordereau (1) d'escompte.

Valeur au 30 novembre.	900f
— 164 jours à 6 0/0	24f,60
Net à payer . . .	875f,40

Remarque. Outre l'escompte proprement dit, le banquier fait encore, sous le nom de commission (2), etc., des retenues qui peuvent élever *considérablement* le taux réel de l'escompte, d'autant plus que, pour un même montant, ces retenues sont les mêmes quelle que soit l'échéance.

238. On nomme aussi escompte la remise, de tant 0/0, que dans la plupart des circonstances, les commerçants font sur

---

(1) Détail de sommes partielles qui font partie d'un compte.

(2) *Commission* : c'est la rémunération du travail du banquier. Définissons encore les mots *souscripteur, bénéficiaire*. Le souscripteur est celui qui a souscrit le billet, qui a pris l'engagement d'en payer le montant; et le bénéficiaire est celui en faveur de qui le billet a été souscrit.

le montant d'une facture, soit parce que l'acheteur paye comptant ou à bref délai, soit pour tout autre motif.

239. Règle. *Pour calculer l'escompte d'une facture on en multiplie le montant par le tant pour cent et on recule la virgule de deux rangs. Pour avoir le net à payer, du total on retranche ce produit.*

Remarque. *Quand le tant 0/0 est un nombre d'un seul chiffre, au-dessous du montant on écrit son produit par ce chiffre en l'avançant de deux rangs, et on fait la soustraction.*

Modèle de facture avec escompte de 3 0/0

Bordeaux, le

Doit M ....

à ....

		fr.	c.
15^m,50	Drap à 14^f,75	228	62
6^m,25	Velours à 21^f,50	134	37
19^m	Taffetas à 6^f,25	118	75
28^m,50	Mérinos à 4^f	114	
1/2 douz^e	paires de bas à 25^f la douzaine.	12	50
5 paires	Gants à 27^f la douzaine . . .	11	25
		619	49
	Escompte 3 0/0 .	18	60
	Net à payer. . .	600	89

240. Dans le commerce, le payement des marchandises livrées ou vendues ne se fait pas en général en numéraire et au comptant, mais en *effets de commerce* dont l'échéance varie ordinairement de 1 à 6 mois.

241. On appelle *billets à ordre* une reconnaissance souscrite par l'acheteur *lui-même* au profit du vendeur. Le billet à ordre est donc créé par l'acheteur. Si, au contraire, c'est le vendeur qui crée lui-même l'effet de commerce, cet effet prend le nom de *lettre de change traite* ou *mandat*.

4 . L'effet de commerce, quelle que soit sa nature, doit être sur *papier timbré* dont le prix dépend de la somme énoncée (1).

243.   **Modèle de billet à ordre.**

Paris, le 20 mars 1869.   B.P.F. 525,60

Au vingt juin prochain, je payerai à M. Varin, ou à son ordre, la somme de cinq cent vingt-cinq francs soixante centimes, valeur reçue en marchandises.

P. Charles, rue Racine, 12.

244.   **Modèle de traite**

Paris, le 1ᵉʳ mai 1869.   B.P.F. 250

Au quinze juin prochain veuillez payer à mon ordre la somme de deux cent cinquante francs valeur en marchandises, que passerez suivant l'avis de

D. Louis, rue Lamartine, 18.

A M. Pierre, négociant,
     à Lille,
   rue Impériale 29.

245. Le propriétaire d'un effet de commerce (billet à ordre ou lettre de change) peut, après l'avoir *endossé*, le céder à un tiers. Endosser un effet, c'est donner au souscripteur l'ordre de le payer à un tiers avec lequel on est en relation d'affaires. L'ordre de payer à un tiers se met au dos de l'effet. Celui qui le donne s'appelle *endosseur*.

Si, par exemple, M. D. Louis cède son effet a M. Gaspard, il écrira au dos du billet :

Payez à l'ordre de M. Gaspard,
valeur reçue comptant.
Paris, le 3 juin 1869.
D. LOUIS.

M. Gaspard à son tour pourra, par un second endos, passer cet effet à l'ordre de M. Dubout, etc.; si au jour de l'échéance M. Dubout est porteur, c'est-à-dire propriétaire de cet effet, il mettra à la suite des endos son *acquit* (son reçu) :

Pour acquit,
DUBOUT.

t fera présenter l'effet à M. Pierre, pour en toucher le montant.

Exercices

742. Calculer pour 40 jours l'escompte à 6 0/0 d'un billet de 1 580 fr.

743. Un marchand de bois de construction vend 42 poutrelles à 11ᶠ,50 pièce ; 220 m. de planches de chêne à 0 fr., 68 le mètre ; 650 m. de planches de peuplier à 0 fr., 23 le mètre ; 120 m. planches de sapin, à

---

(1) Echelle de progression du timbre pour les effets.

de 0 à 100ᶠ	100 à 200ᶠ	200 à 300ᶠ	300 à 400ᶠ	400 à 500ᶠ	500 à 1000ᶠ	1000 à 2000ᶠ
0ᶠ,05	0ᶠ,10	0ᶠ,15	0ᶠ,20	0ᶠ,25	0ᶠ,50	1ᶠ

0 fr., 30 le mètre. Il fait 2 0/0 de remise : combien l'acheteur doit-il payer ? Faites une facture.

744. Un fermier vend à un marchand de grains 958 kg. de blé à 26 fr., 50 les 100 kg.; 235 kg. de seigle à 18 fr., 75 ; 420 kg. d'orge à 19 fr., 50 ; 1 280 kg. d'avoine à 18 fr., 25 ; 40 kg. de graine de luzerne à 160 fr. et 70 kg. de graine de trèfle à 128 fr. Le marchand offre de payer comptant avec 2 0/0 d'escompte ou à 3 mois sans escompte. Quel parti doit prendre le fermier qui pourrait retirer 4 0/0 de son capital ? Faites une facture.

745. Un boucher a livré dans une maison $65^{kg},500$ bœuf à 1 fr., 30 le kg., 38 kg. veau à 1fr.,25 ; $29^{kg},500$ mouton à 1 fr., 40; 3 têtes de veau à 2fr.,50 l'une, Il a reçu de son côté 4 moutons estimés 35fr. l'un, et un bœuf gras valant 480 fr. Établissez les comptes. Le boucher fait une remise de 1 1/2 0/0.

PARTAGES PROPORTIONNELS

246. Définition. Des nombres sont dits proportionnele à d'autres lorsqu'ils en sont les produits par le même nombre. Ainsi 15, 10 et 35 sont proportionnels à 3, 2 et 7 parce que les premiers sont les produits des seconds par le même nombre 5.

247. Problème. *Partager 360 fr. entre 3 personnes proportionnellement a 3, 4 et 5.*

Solution. La somme des nombres proportionnels est égale à $3+4+5=12$. Si l'on avait 12 fr. à partager, la 1re personne aurait 3 fr., la 2e 4 fr. et la 3e 5 fr. Si l'on avait seulement 1 fr. à partager, chaque personne aurait 12 fois moins : la 1re aurait donc $\frac{3^f}{12}$; la 2e, $\frac{4^f}{12}$; et la 3e, $\frac{5^f}{12}$. Mais comme on a 360 fr. c'est-à-dire 360 fois plus que 1 fr., la 1re aura $\frac{3\times360}{12}$; la 2e, $\frac{4\times360}{12}$, et la 3e, $\frac{5\times360}{12}$. En effectuant les calculs, on trouve que les trois parts sont 90 fr., 120 fr., et 150 fr. Vérification : $90+120+150=360$.

248. D'où la règle suivante : *Pour calculer l'une des parts, on multiplie la quantité à partager par le nombre qui lui est proportionnel et on divise par la somme des nombres proportionnels.*

249. REMARQUE. Lorsqu'il y a parmi les nombres proportionnels des nombres fractionnaires ou des fractions, on les réduit au même dénomi-

nateur et on les remplace par les numérateurs. Ceux-ci leur sont en effet proportionnels comme obtenus en les multipliant par le dénominateur commun.

Exemple. 1° $2\ 1/3$ $5\ 3/4$ $1\ 5/12$

2° $\dfrac{7}{3}$ $\dfrac{23}{4}$ $\dfrac{17}{12}$

3° $\dfrac{28}{12}$ $\dfrac{69}{12}$ $\dfrac{17}{12}$

4° 28 69 17

250. Définition. Deux nombres sont dits *inverses* ou *réciproques* lorsque leur produit est égal à l'unité : ainsi 7 et 1/7 sont deux nombres inverses ou réciproques, car $7 \times 1/7 = 1$.

251. Problème. *Partager 840 fr. entre 3 personnes en parties réciproquement proportionnelles aux nombres 3, 5, 6.*

Solution. Les nombres réciproques à 3, 5 et 6 sont 1/3, 1/5 et 1/6. Il s'agit maintenant de faire le partage en parties proportionnelles à ces trois fractions. Réduisons-les d'abord au même dénominateur, ce qui nous donnera $\dfrac{10}{30}$, $\dfrac{6}{30}$, $\dfrac{5}{30}$; supprimant les dénominateurs, nous n'aurons plus (n° 248) qu'à partager 840 en parties proportionnelles aux nombres 10, 6 et 5. La 1re part sera $\dfrac{10 \times 840}{21} = 400$; la 2e, $\dfrac{6 \times 840}{21} = 240$; la 3e, $\dfrac{5 \times 840}{21} = 200$. Vérification : $400 + 240 + 200 = 640$.

RÈGLE DE SOCIÉTÉ

252. La règle de société est ainsi nommée parce qu'elle a pour but de partager entre plusieurs associés le bénéfice ou la perte qui résulte de leur entreprise commune. Il est de toute évidence que pour calculer le bénéfice ou la perte de chaque sociétaire on devra tenir compte de sa mise et du temps pendant lequel il l'a laissée.

253. Problème. *3 négociants ont mis dans une entreprise le 1er 15 600 fr., le 2e 16 400 fr. et le 3e 20 000 fr.; ils ont gagné 6 500^f. On demande la part de chaque associé.*

Solution. Les bénéfices devant être proportionnels aux mises, il suffit de partager 6 500 d'après la règle du n° 248 en parties proportionnelles aux nombres 15 600, 16 400 et 20 000.

On trouve ainsi 1 750 fr. pour le bénéfice du 1er associé, 2 050 pour celui du 2e et 2 500 pour celui du 3e.

Vérification : 1 950+2 050+2 500=6 500.

254. **Problème II.** *3 négociants ont gagné 15 000 fr. dans une entreprise qui a duré 3 ans; le 1er a mis 16 000 fr. au commencement de l'entreprise; 5 mois après le 2e a mis 18 000 fr. et 7 mois encore après le 3e a mis 22 000 fr. : On demande le bénéfice de chaque associé.*

Solution. Cherchons le temps que chaque mise est restée dans la société : ce temps est pour la 1re 3 ans ou 36 mois; pour la 2e 5 mois de moins ou 31 mois; pour la 3e encore 7 mois de moins ou 24 mois. Nous dirons ensuite : 16 000 fr. pendant 36 mois produisent autant qu'une somme 36 fois plus grande, ou 16 000 × 36 pendant un mois; de même 18 000 fr. pendant 31 mois produisent autant que 18 000 × 31 pendant 1 mois; et enfin 24 000 fr. pendant 24 mois autant que 24 000 × 24 pendant 1 mois.

La question est donc ramenée à partager 15 000 fr. d'après la règle du n° 248 proportionnellement aux produits 16 000 × 36, 18 000 × 31 et 24 000 × 24. En effectuant les calculs on trouve 5 052 fr.,63 pour le bénéfice du 1er associé, 4 894f,73 pour celui du 2e et 5 052f,63 pour celui du 3e.

255. **Remarque.** Les questions analogues à celles que nous venons de traiter, et surtout à la seconde, ne se présentent plus que très-rarement. On comprend en effet qu'au début d'une entreprise les chances de perte ou de gain sont d'une appréciation bien moins facile qu'au bout d'un certain temps. Mais dans beaucoup d'autres circonstances, on a des partages proportionnels à effectuer en toute rigueur. Par exemple : la *contribution foncière* est partagée dans chaque commune entre les divers propriétaires proportionnellement à leurs revenus fonciers indiqués au *cadastre*. Le *contingent* est, dans chaque département, partagé entre les cantons, proportionnellement au nombre de jeunes gens soumis au *tirage* dans les divers cantons. Le *contingent départemental* provient lui-même d'un partage proportionnel fait par décret impérial entre tous les départements de l'Empire, après la promulgation de la loi qui a fixé, pour l'année courante, le nombre de jeunes gens à appeler sous les drapeaux.

256. **Problème.** *Dans une commune où le revenu foncier est de 1 132 711f,05 la contribution foncière fixée par le Conseil d'arrondissement est de 19 357f,95. On demande quelle est la contribution afférente à 1 fr. de revenu?*

Solution. Pour résoudre la question, nous aurons évidemment à diviser la contribution totale par le revenu total. Mais comme pour trouver la somme à payer par chaque contribuable nous devrons multiplier ce quotient par son revenu, il est clair qu'il faudra calculer le quotient avec un assez grand nombre de décimales au lieu de se borner aux centimes.

Par exemple nous prendrons : 0^f,17771.

Ce quotient est appelé : le *centime le franc* (1).

Si, pour fixer les idées, nous voulons calculer la contribution foncière pour une propriété ou parcelle dont le revenu est porté sur le cadastre à 382 fr., 25, nous multiplierons le centime le franc par 382,25. Le produit est 67fr.,929... ou simplement 67 fr., 93, dont le douzième est 5 fr., 66.

Exercices sur les partages proportionnels et la règle de société

746. Deux menuisiers, dont l'un est payé habituellement 3 fr. par jour et l'autre 3 fr., 50, ont fait en commun un ouvrage payé 230 fr.: combien chacun a-t-il à recevoir ?

747. 3 terrassiers se sont engagés à faire des fossés pour une somme de 350 fr. Le 1er a travaillé 45 j. 3/4, le 2e 40 j. 1/4 et le 3e 30 j. 2/3. Combien chacun doit-il recevoir, leurs journées étant estimées au même prix ?

748. Sur les 314 124 jeunes français, ayant eu 20 ans , et moins de 21 au 1er janvier 18..., il est fait un appel de 100 000 hommes par la loi du 18... Dans le département de V... le nombre d'inscriptions sur les listes du tirage est de 2 847, dont 197 pour le canton de R..... : assigner le contingent du département, — celui du canton.

749. 4 fermiers ont loué 120^f une propriété pour la faire pâturer; le 1er y a conduit 7 vaches pendant 6 mois ; le 2e, 8 pendant 5 mois et 3 pendant 2 mois; le 3e, 6 pendant 5 mois 1/2; et le 4e, 8 pendant 6 mois : combien chaque fermier doit-il donner si l'on n'a égard qu'au nombre de vaches et au temps?

750. Tous frais déduits, l'actif d'une faillite se monte à 39 700 fr. Il est dû au 1er créancier 24 300^f; au 2e, 17 500^f; au 3e, 15 000^f; au 4e, 11 400^f, et au 5e, 10 200 fr. : combien chaque créancier aura-t-il ? Combien 0/0 recevra-t-il ?

(1) Le centime le franc une fois connu, on n'a plus qu'une seule multiplication à faire, pour trouver à combien doit être imposée chaque propriété. Il faudrait, au contraire deux opérations, une multiplication et une division, si ce calcul préparatoire n'avait pas été fait.

RÈGLE DE MÉLANGE

257. Problème I. *On a mélangé 8 sacs de farine de 1re qualité à 47 fr. le sac, 3 à 46 et 5 à 46 fr.,50. Quel est le prix du sac de mélange?*

Solution.

$$
\begin{array}{llll}
8 \text{ sacs à } 47^f & & \text{valent} & 376^f \\
3 \;\; — & 46^f & — & 138^f \\
5 \;\; — & 46^f,50 & — & 232^f,50 \\
\hline
16 \text{ sacs valent.} & . \; . \; . & & 746^f,50
\end{array}
$$

$$1 \text{ sac vaut } 16 \text{ fois moins ou } \frac{746,50}{16} = 46,66$$

ou suivant l'usage du commerce 46^f,65.

258. Problème II. *On mélange des vins à 35 f. et à 28 fr. l'hectolitre de manière que l'hectolitre du mélange revient à 30 fr. Dans quel rapport est fait le mélange?*

Solution.

Disposition du calcul

$$
\begin{array}{cc}
35 & 2 \\
 & 30 \\
28 & 5
\end{array}
\qquad \text{Proportion}
\quad
\begin{array}{l}
2^{hl} \text{ à } 35^f \\
5^{hl} \text{ à } 28^f
\end{array}
$$

On prend la différence entre le prix moyen 30 fr. et chacun des prix donnés. La différence entre 30 et 35 est 5, j'écris 5 vis-à-vis de 28. La différence entre 30 et 28 est 2, j'écris 2 vis-à-vis de 35. Les nombres 2 et 5 sont proportionnels aux nombres d'hectolitres qu'il faut prendre des deux vins; en d'autres termes il faut mélanger ces vins dans le rapport de 2 à 5. En effet, sur 1^{hl} de vin à 35 fr. vendu 30 fr on perdrait 5^f, sur 2^{hl} on perdrait 5$^f \times 2$. Sur 1^{hl} de vin à 28 fr. vendu 30 fr. on gagnerait 2 fr., sur 5^{hl} on gagnerait 2$^f \times 5$, D'un côté on perdrait 5$^f \times 2$ et de l'autre on gagnerait 2$^f \times 5$, il y a donc compensation.

259. Problème. III. *Un marchand possède 140 litres de vin à 25c le litre qu'il voudrait mélanger avec du vin à 40c le litre de manière que le litre du mélange revînt à 35c : combien doit-il mettre de litres à 40c ?*

Solution. Déterminons d'abord, par la méthode précédente, dans quelle proportion le mélange doit avoir lieu.

$$
\begin{array}{cc}
25 & \\
 & 35 \\
40 &
\end{array}
\qquad
\begin{array}{l}
5^l \text{ à } 25^c \\
10^l \text{ à } 40^c
\end{array}
$$

Nous dirons ensuite :
Pour 5 litres à 25ᶜ on prend 10 litres à 40ᶜ.

$$1 \quad - \quad \text{on prendra 5 fois moins ou} \frac{10^{\text{l}}}{5}$$

$$\text{pour 140} \quad - \quad - \quad \text{140 fois plus ou} \frac{10\times140}{2}=280^{\text{l}}.$$

260. Problème. IV. *Dans un mélange de 200 litres de vin qui revient à 40ᶜ le litre, il y a des vins à 35ᶜ et à 50ᶜ le litre. Combien y en a-t-il de chaque sorte ?*

Solution. On commence d'abord par déterminer la proportion dans laquelle le mélange a dû se faire.

$$\begin{array}{cc} 35 & \quad 10 \\ & 40 \\ 50 & \quad 5 \end{array} \qquad \Big| \qquad Proportion \quad \begin{array}{c} 10^{\text{l}} \text{ à } 35^{\text{c}} \\ 5^{\text{l}} \text{ à } 50^{\text{c}} \end{array}$$

On a donc à partager 200 proportionnellement à 10 et à 5, ce qui donne $\dfrac{200\times10}{15}=133^{\text{l}},33$ pour le 1ᵉʳ vin, et $\dfrac{200\times5}{15}$ $=66^{\text{l}},66$ pour le 2ᶜ.

RÈGLE D'ALLIAGE

261. On appelle *alliage* le mélange par voie de fusion de deux ou plusieurs métaux. (1)

262. Un alliage jouit en général de diverses propriétés que ne possèdent pas isolément les métaux qui le composent: ainsi en s'alliant au cuivre, l'or et l'argent deviennent plus durs, plus résistants au *frai* (usure).

263. Pour résoudre les problèmes relatifs aux alliages, on suit la même marche que pour la règle de mélange.

264. Problème *On a fondu ensemble deux lingots d'argent : le 1ᵉʳ au titre (n° 173) de 0,950 et pesant 4ᵏᵍ,200, le 2ᵉ au titre de 0,800 pesant 6ᵏᵍ,500. On demande le titre du nouveau lingot.*

Solution.

4ᵏᵍ,200 au titre 0,950 contiennent $4,200\times0,950=3^{\text{kg}},990$ d'argent pur.
6ᵏᵍ,500 — 0,800 — $6,500\times0,800=5^{\text{kg}},200$ —
10ᵏᵍ,700 de cet alliage contiennent $9^{\text{kg}},190$ —

D'où il résulte que 1 kg. d'alliage contient$\dfrac{9^{\text{kg}},190}{10,700}$d'argent pur. En effec-

(1) Un alliage dont le mercure fait partie prend le nom d'*amalgame*.

tuant, on trouve approximativement $0^{kg},859$. Le titre du nouveau lingot est par conséquent 0,859 à 0,001 près.

265. Problème. *Dans quelle proportion faut-il allier de l'or au titre de 0,760 et de l'or au titre de 0,915 pour avoir un lingot au titre de 0,840 ?*

Solution			Proportion	

760   75   75 parties en poids au titre 0,760
     840
915   80   pour 80   —   0,915

On prend la différence entre le titre moyen 840 et chacun des titres donnés (abstraction faite de la virgule). On croise d'ailleurs les restes comme au n° 258.

Raisonnement. Sur chaque kg., ou 1 000 gr., au titre de 0,760 il y a, comparativement au titre demandé, un déficit de 80 gr. ; et sur chaque kg. au titre de 0,915 un excédant de 75 gr. Sur 75 kg. au titre de 0,760 le déficit sera donc $80 \text{ gr.} \times 75 = 6000 \text{ gr.}$, et sur 80 kg. au titre 0,915 l'excédant sera $75 \text{ gr.} \times 80 = 6000$, donc il y aura *compensation* entre l'*excédant* et le *déficit*, si on allie 75^{kg} du 1er à 80^{kg} du 2e.

266. Remarque I. Si l'alliage avait dû avoir un poids déterminé, $6^{kg},30$ par exemple, il aurait suffi de partager $6^{kg},30$ proportionnellement aux nombres 75 et 80 (n° 260).

267. Remarque II. D'après ce qui a été dit n° 212, les nombres 75 et 80 peuvent être remplacés par leurs 5cs, 15 et 16. C'est une précaution qu'il ne faut jamais manquer de prendre.

Exercices sur les mélanges et les alliages

751. Un marchand a mélangé 6 sacs de farine à 51 fr., 50 le sac (1) (157 kg.) et 5 sacs à 53 fr., 50 : combien doit-il revendre le sac pour gagner (gain brut) 20 0/0 ?

752. On a des vins à 0 fr.,45 et à 0 fr., 60 le litre : combien devra-t-on en prendre pour obtenir un mélange de 200 litres à 0 fr., 50 l'un ?

753. Le laiton (cuivre jaune) est composé de 65 parties de cuivre et de 35 de zinc : combien de cuivre et de zinc dans 3kg. de cet alliage ?

754. Le bronze des monnaies est, comme on le sait (n° 173), formé de 95 parties de cuivre, 4 d'étain et 1 de zinc : combien entre-t il de chacun de ces trois métaux dans 12 kg. de cet alliage ? Combien d'étain faut-il pour 2 124 kg., 500 de cuivre ?

(1) Dans le rayon (l'ensemble des pays qui concourent à l'approvisionnement du marché) de Paris, les farines se vendent le plus communément au sac de 157^{kg} *poids net*, de 159^{kg} *poids brut*. C'est un vieil usage que le temps a respecté : 159^{kg} (325 *livres* d'autrefois), font la charge d'un *fort* de la halle. Sur d'autres marchés, la vente se fait au sac de 100^{kg}.

MOYENNE

268. On appelle *moyenne* de plusieurs quantités de **même** espèce le quotient de leur somme par leur nombre.

269. Problème I. *Pendant 5 quinzaines (1) conséutives le pain s'est vendu 0 fr., 28, 0 fr., 27, 0 fr., 30, 0 fr., 29, 0 fr., 26, le kg. quel a été le prix moyen pendant ette durée?*

Solution. 28+27+30+29+26=1,40.   5 kg. ayant couté 1 fr., 40. il serait revenu au même de les payer tous à un prix 5 fois moindre, ou $\frac{1,40}{5}$ = 0 fr., 28. C'est là le prix moyen du kg. de pain pendant les 5 quinzaines.

270 Problème II. *Un propriétaire a vendu 30hl de vin à 17 fr. l'un, 17hl à 20 fr., 14hl. à 23 fr. et 15hl à 25 fr.: quel est le prixmoyen de vente de l'hectolitre?*

Solution.	30hl	à	17 fr.	ont produit	17l ×30=510 fr.
	16	à	20 fr.	—	20 ×16=320 fr.
	14	à	23 fr.	—	23 ×14=322 fr.
	15	à	25 fr.	—	25 ×15=375 fr.
Totaux.	75hl			pour	1527 fr.

Les 75hl. ayant produit 1 527 fr., on aurait eu la même recette si tous avaient été vendus à un prix 75 fois moindre ou $\frac{1527}{75}$ = 20 fr., 36. C'est là le prix moyen de l'hectolitre.

RÈGLE D'ÉCHÈANCE MOYENNE

271. Problème. *Un fermier doit à son propriétaire 1200 fr. payables : 300 fr. dans 4 mois, 700 fr. dans 6 mois et 200 fr. dans un an. A quelle époque peut-il se libérer en un seul payement de manière qu'il y ait compensation d'intérêts?*

Solution.	300	300× 4=1200
	700	700× 6=4200
	200	200×12=2400
Sommes dues.	1200	Produits. 7800	1200
		6000	6,5
		0	

---

(1) Avant la liberté de la boulangerie la *taxe* était fixée toutes les quinzaines; c'était la *taxe officielle.* Aujourd'hui, sauf dans quelques communes qui ont conservé les anciens usages ou qui y sont revenues, il n'y a plus qu'une *taxe officieuse* (qui n'oblige personne).

Si le fermier payait immédiatement les 1200 fr., il est clair qu'il perdrait: 1° L'intérêt qu'il pourrait retirer de 300 fr. pendant 4 mois, ou ce qui revient au même d'une somme 4 fois plus grande ou 1 200 fr. (300×4) pendant 1 mois; 2° l'intérêt de 700 fr. pendant 6 mois ou celui de 4 200^f (700×6) pendant 1 mois; 3° l'intérêt de 200 fr. pendant 12 mois ou de 2 400 fr. (200×12) pendant 1 mois. Donc en tout il perdrait l'intérêt de 1 200^f + 4 200^f + 2 400^f = 7 800 fr. pendant 1 mois. Par conséquent pour ne rien perdre, il devra conserver les 1 200 fr. tout le temps qui leur est nécessaire pour rapporter autant que 7 800 fr. en 1 mois. Nous sommes donc conduits à cette règle de trois : combien 1 200^f mettront-ils de temps pour rapporter autant que 7 800 fr. dans 1 mois?

$$7 800^f \qquad 1^m \qquad\qquad \frac{1^m \times 7\,800}{1\,200} = 6^m 5 \text{ ou } 6 \text{ mois } 15 \text{ jours.}$$
$$1 200 \qquad x$$

Le fermier devra donc payer dans 6 mois 15 jours; c'est là *l'échéance moyenne*.

Remarque. Dans la pratique commerciale, au lieu de compter par mois, on compte toujours par jour, parce que le mois, étant, suivant les cas, de 31, 30, 29 ou 28 jours, n'est pas une unité invariable. Si nous avons ici employé le mois c'est que les nombres étant plus petits, il y a eu simplification dans les calculs.

Exercices sur les moyennes et l'échéance moyenne

755. On a mesuré trois fois la même longueur : 1re mesure 120^m,30 ; 2e 120^m,22 ; 3e 120^m,25 : quelle est la longueur probable?

756. Un fermier a vendu au marché 500 kg. de blé à 24 fr.,50 les 100 kg.; 200 kg. à 23 fr., 50 et 100 kg. à 22 fr.: quel est le prix moyen des 100 kg. ?

757. Une personne doit à un négociant 800 fr. payables: 250 fr. dans 3 mois ; 200 fr. dans 8 mois et le reste dans un an. A quelle époque pourra-t-elle se libérer en un seul payement, de manière qu'il y ait compention d'intérêts ?

DU TANT POUR CENT

272. Dans un grand nombre de cas, les questions se résolvent en prenant le tant 0/0 (pour cent) ou le tant 00/00 (pour mille).

Ainsi les droits d'enregistrement sont perçus à tant 0/0 du prix de la chose vendue ou de la valeur de l'héritage, etc. Le tant 0/0 est d'ailleurs variable; ainsi, pour les immeubles il est de 5,5 dans le cas de vente, de 1 dans celui de mutation par décès en ligne directe, etc. Au droit principal s'ajoute ce qu'on appelle le *décime*, ou le *décime et demi* par chaque franc du droit principal. C'est le décime pour les ventes d'immeubles. Les droits se perçoivent sur le prix énoncé dans l'acte, de 20 fr. en 20 fr. sans fraction; ainsi on paye autant pour 61 fr. que pour 80. La poste prend 1 0/0 du montant des *mandats* qu'elle délivre et aussi 1 0/0 d'une *valeur cotée*, c'est-à-dire de la *valeur* d'un objet précieux de petite dimension. Au-dessus de 10 fr. les *mandats* supportent en outre un droit de timbre de 0 fr., 20 : c'est le *droit fixe*.

Les *Compagnies d'assurances* contre l'incendie, la grêle, etc. prennent tant 00/00 de la valeur déclarée des meubles ou immeubles assurés, et ce tant est variable suivant la nature des objets et surtout suivant *l'étendue du risque*. Le risque d'incendie, par exemple, augmente à mesure que l'on se rapproche d'une forge, d'une machine à vapeur, etc.

On emploie aussi l'expression *tant* 0/0, quand on veut indiquer dans quelles proportions un mélange ou un alliage contient ses éléments, ou ce qu'on peut, au moyen de diverses opérations, retirer d'un corps composé. Ainsi on dira d'un bois qu'il contient 21 0/0 d'eau; l'herbe des prés, les pommes de terre et les récoltes vertes contiennent en moyenne 75 0/0 d'eau; la fécule en renferme 43 ou 44 0/0; dans le vin il y a, suivant sa qualité, de 12 à 22 0/0 d'alcool; par la distillation on perd en moyenne de 40 à 50 0/0 de ce même alcool.

Les farines des magasins militaires se sont successivement blutées à 8, 12 et 20 0/0. La farine rend en pain de 131 à 134 0/0.

L'imperfection des pompes leur fait ordinairement perdre de 25 à 30 0/0 de leur effet utile; c'est-à-dire qu'elles n'élèvent que 75 ou 80 hl. d'eau lorsqu'elles devraient en élever 100, si l'on pouvait supprimer les causes de perte.

Le *rendement* s'exprime aussi en tant pour 0/0 : celui des pommes de terre en fécule est moyennement de 25 0/0. On pourrait dire que le rendement du moût en vin est de 80 0/0 (en volume), puisqu'on admet que 50 hl. de moût en donnent 40 de vin, ou que 100 en donnent 80, toujours en moyenne.

Pour le bois réduit en charbon, le rendement va de 30 à 35 0/0 en volume, de 18 à 23 0/0 en poids. Le vide laissé par les grains, les pommes de terre, les matériaux de construction s'évalue en 100ᶜˢ; ce vide va de 35 à 45 0/0; ainsi le blé pris grain à grain pèse plus que l'eau (puisqu'il tombe au fond) et cependant, à l'hectolitre, il pèse au plus 80 kg., tandis que l'eau en pèse 100. De même le mc. de houille en morceaux ne pèse guère que 800 kg. tandis que s'il était d'un seul bloc il pèserait jusqu'à 1 200 kg.

On sait ce qu'on entend par gain *brut* de tant 0/0. Par exemple dire qu'un marchand gagne brut 15 0/0 (et c'est là un minimum), c'est dire qu'il revend 115 fr. ce qu'il a acheté argent comptant 100 fr.

Si dans une faillite les créanciers reçoivent 45 0/0, cela signifie qu'ils reçoivent 45 fr. par chaque 100 fr. de créance, la perte est alors de 55 0/0 A peu près dans le même sens on dit que par la dessication l'herbe perd 75 0/0 de son poids, puisque (voyez plus haut) le fanage fait disparaître les 0,75 du poids de l'herbe.

Dans l'agriculture on évalue de 5 à 15 0/0 les frais d'entretien et de renouvellement des instruments aratoires. Si nous prenons 10 0/0 par exemple, cela signifie que telle portion du matériel qui vaut 1 000 fr. au commencement de l'année ne vaudrait plus que 900 fr. à la fin, si on ne la réparait pas au fur et à mesure du besoin.

Si l'on dit que le mauvais état d'un chemin fait perdre au cheval 50 0/0 de sa *force*, on entend par là qu'il ne pourra traîner, poids utile, que 500 kg. dans le cas où sur un bon chemin il en pourrait traîner 1 000.

Expliquons encore le mot *fraction indivisible*.

Lorsqu'à la poste on déclare une valeur renfermée dans une lettre, on

paye 10 centimes par fraction indivisible de 100 fr., cela signifie que
pour 100 fr., on paye 10 centimes, mais qu'on en paye 20 de 100 à 200,
30 de 200 à 300, comme si la pièce de 10 centimes ne pouvait se frac-
tionner ou était la plus petite monnaie.

Exercices

758. Un propriétaire a acheté à son voisin une pièce de terre pour la
somme de 475 fr. : combien aura-t-il à payer pour les droits d'enregistrement ?

759. Combien à payer à la poste pour l'envoi d'un mandat de 266 fr. ?

760. Des bâtiments ruraux estimés 32 000 fr. sont assurés à 1 fr., 20
00/00 : à combien s'élève la *prime* annuelle ?

761. Au lieu de charbons secs, un industriel peu vigilant accepte des
charbons qui, ayant été à la pluie, contiennent 12 0/0 de leur poids d'eau :
quelle perte fait-il sur un achat de 25 800 kg. à 9 fr. 40 les 100 kg. ?

762. On admet que moyennement la pomme de terre donne 17 0/0 de
son poids en fécule en octobre, novembre décembre, et seulement 15 0/0
en avril. En admettant que la fécule se vende 23 fr.,50 les 100 kg., dire
ce qu'a perdu brut un propriétaire qui, ayant à traiter une masse de
tubercules de 56 500 kg., s'est vu forcé de remettre l'opération jusqu'en
avril.

FONDS PUBLICS

273. On appelle *rentes sur l'État* les sommes que l'État
paye pour intérêts de la **dette publique**, c'est-à-dire des em-
prunts qu'il a contractés à diverses époques.

274. Un *titre de rente* n'énonce pas seulement le chiffre
de la rente, autrement dit la somme due annuellement par
l'État au propriétaire de ce titre, il indique encore si la rente
est du 3 0/0 ou du 4 1/2 0/0. La distinction est essentielle,
l'État en effet ne pourrait forcer le titulaire d'une rente 3 0/0
à accepter le remboursement de sa créance qu'en lui donnant 100 fr. pour chaque 3 fr. de rente; de même, pour le
4 1/2, le remboursement ne pourrait être rendu obligatoire
qu'à raison de 100 fr. pour chaque 4 fr., 50 de rente.

275. Les titres *au porteur* se vendent comme toute autre
marchandise (le blé, le vin, la toile, etc.). Quant aux titres
nominatifs (titres portant le nom du propriétaire), qui sont
d'ailleurs de beaucoup les plus nombreux, la vente ne peut
s'en faire qu'à la *Bourse*, et par l'intermédiaire d'un officier
ministériel, nommé *agent de change*.

276. Pour un même chiffre de rente le prix d'achat ou de vente d'un titre est variable suivant les circonstances, et subit quelquefois des changements considérables dans une même journée. Il est indiqué jour par jour, et pour chaque espèce de rente, par le *cours* de la Bourse qui se transmet télégraphiquement à la plupart des centres importants. Si, par exemple, le cours du 3 0/0 est 69, cela signifie qu'une rente de 3 fr., en 3 0/0, coûte 69 fr. ; une rente de 6 fr., 138 fr., etc. De même pour le 4 1/2 0/0, si le cours est 91 fr., cela veut dire qu'une rente de 4 fr., 50 coûte 91 fr., etc.

277. Remarque I. Toute rente sur l'Etat se compose d'un nombre entier de francs, les fractions de franc n'étant point admises (1).

278. Remarque II. L'Agent de change, quand il négocie un titre de rente prend, tant à l'acheteur qu'au vendeur, une commission de 1/8 0/0 sur le prix de vente, de telle sorte que son droit est réellement de 1/4 0/0, autrement dit qu'il touche 1 fr. pour la négociation d'un titre de rente qui au cours du jour vaut 400 fr., chacune des parties lui payant 0 fr,. 50. De plus il fournit à chacune d'elles un bordereau timbré à 0 fr., 50 lorsque la négociation porte sur une somme qui ne dépasse pas 10 000 fr., à 1 fr.,50 au-dessus de 10 000ᶠ. Ce sont là d'ailleurs les seuls frais accessoires qu'on ait à supporter, puisque dans les villes où il n'y a pas de Bourse, le Receveur général, ou son représentant, prête gratuitement son ministère.

279. La rente 3 0/0 se paye par trimestre (par quart) les 1ᵉʳˢ janvier, avril, juillet et octobre. Le 4 1/2 se paye par semestre (par moitié) les 22 mars et 22 septembre.

280. On appelle *arrérages* les *termes* (trimestre ou quart de la rente pour le 3, semestre ou moitié pour le 4 1/2) échus et qui, pour une cause quelconque, n'ont pas été touchés. Pour les arrérages, il y a prescription au bout de 5 ans; ainsi par exemple le propriétaire d'un titre de rente 3 0/0 ne pourrait,

---

(1) La moindre variation du cours est de 2ᶜ1/2. Le nombre de centimes est donc l'un des suivants : 0; 2 1/2; 5; 7 1/2.

au 1er juillet 1869, réclamer que les 20 termes échus depuis le 1er juillet 1864, savoir ceux des 1er octobre 1864..... 1er juillet 1869. Au 30 juin son droit se serait étendu au terme échu le 1er juillet 1864. Pour le 4 1/2, on ne peut réclamer à la fois plus de 10 termes.

Les arrérages ne se vendent pas ; autrement dit, avant de vendre un titre on commence par toucher tous les termes échus ; bien plus, dans le courant de décembre, mars, juin, septembre pour le 3 0/0 ; dans le courant de mars et de septembre pour le 4 1/2 0/0, on *détache le coupon*, ce qui veut dire que le plus prochain terme à échoir appartiendra au vendeur et non à l'acheteur. Pour celui qui consulte le cours de la Bourse il n'y a jamais d'erreur possible puisque pour le 3 0/0, par exemple, le cours du jour est accompagné de l'indication nette de l'époque à partir de laquelle court ou courra le droit de l'acheteur, c'est-à-dire son entrée en *jouissance*. Ainsi en mars 1869 jusqu'au jour fixé pour détacher le coupon, on a mis les mots(1) : j. 1er janvier 1869, à partir de ce jour, on a mis : j. 1er avril 1869.

Il résulte de là que sauf les cas où il y a hausse ou baisse très-prononcée, le cours, au moment où se détache le coupon, doit diminuer (d'un trimestre) de 0 fr. 75 qui sont le quart de 3 fr. pour la rente 3 0/0, et de 2 fr., 25 (un semestre) pour le 4 1/2.

281. Problème. *Combien coûteront 628 fr. de rente 3 0/0 au cours de 69, 22 1/2.*

Solution. Cherchons d'abord le prix comme si l'agent de change prêtait gratuitement son ministère et pour cela posons la règle de trois suivante :

$$3^f \text{ de rente coûtent } 69^f,225$$
$$628 \qquad - \qquad - \qquad x$$

d'où :
$$x = \frac{69,225 \times 628}{3} = 41\,491,10$$

A ce prix principal, ajoutons 1/8 0/0, c'est-à-dire le 800e de ce prix principal. Pour cela divisons le résultat trouvé par 8 et avançons le quotient de 2 rangs, tout en ne tenant compte que des centimes. Ajoutons enfin 1 fr., 50 pour timbre, nous aurons finalement 14 509 fr.,70.

(1) Lisez *jouissance* 1er janvier.. *jouissance* 1er avril 1869.

Voici le bordereau :

628	3 0/0	14 491,10
	1/8 0/0	18,10
	timbre	1,50
Total		14 509,70

Règle. *Pour déterminer le prix d'achat d'un titre nomi-natif de rente, on multiplie le cours par le chiffre de la rente à acheter et on divise le produit par 3 ou par 4,5, suivant qu'il s'agit du 3 ou du 4 12 ; sous le quotient on écrit son 8e en l'avançant de 2 rangs ; au-dessous on pose 0,50 ou 1,50, suivant les cas, et on fait le total.*

282. Problème .II *Combien de rente 3 0/0 peut-on acheter pour 12 849 fr., 90 au cours de 68,40 ?*

Solution. Le timbre 1^f,50 réduit cette somme à $12\,848^f$,40. L'agent de change prend en outre pour lui le 1 8 pour 100, c'est-à-dire le 800e du prix d'achat, tel qu'il résulte du cours, en d'autres termes 3 fr. de rente coûtent à l'acheteur non pas seulement 68 fr.,40, mais cette somme augmentée de son 800e, 0 fr.,0855, c'est-à-dire en tout 68 fr.,4855. Nous avons donc à résoudre la règle de trois suivante :

pour   68 fr., 4855 on achète 3 fr. de rente

$$12\,848 \text{ fr., } 40 \qquad x = \frac{3 \times 12848,40}{68,4855}$$

Opération.

$$\begin{array}{r|l} 385\,542\,000 & 584\,855 \\ 4\,303\,450 & \overline{562} \\ 1\,933\,90 & \\ 563\,490 & \end{array}$$

Dans le calcul de x nous devons nous arrêter au quotient entier, puisque tout titre de rente est d'un nombre entier de francs. Le montant de la rente achetée est donc de 562 fr. Quant au reste (1), puisqu'on a opéré sur un dividende et un diviseur, 3 fois trop grand, il est 3 fois ce qu'on aurait obtenu si on avait divisé le capital à employer 12 848,40 par le prix

____

(1) Nous avons avancé la virgule de 4 rangs au dividende et au divi-seur, ce qui revient à considérer les nombres employés comme exprimant des $10\,000^{es}$. Le reste trouvé exprime aussi des $10\,000^{es}$, et ne vaut par conséquent que 56^f,3490.

réel d'achat de 1 fr. de rente, savoir par le 1/3 de 68 fr., 4855 : il faut donc réduire ce reste à son tiers 18,78, pour avoir la somme à reverser à l'acheteur par l'agent de change.

Le bordereau sera donc :

562 fr. de rente	3 0/0 à 68,40		12 813,60
courtage	1/8 0/0		16,01
timbre			1,50
à reverser			18,78
Total égal. . .			12 849,89

Règle. *Pour trouver le chiffre de rente 3 0/0 qu'on peut acheter pour une somme déterminée, 1° on en retranche 0 fr.,50 ou 1 fr.,50, suivant les cas ; 2° on multiplie le reste par 3, et on divise le produit par le cours augmenté de son 800°; 3° le quotient entier est le chiffre demandé ; 4° le reste divisé par 3, donne l'excédant à reverser par l'agent de change.*

Remarque. Quelques auteurs disent qu'on peut commencer par diminuer la somme de son 800°, multiplier le reste par 3, puis diviser le produit par le cours. Cette règle peut quelquefois donner un résultat faux, même pour le chiffre de rente. Ainsi pour un capital de 12 853fr.,70, on trouve, au cours de 68fr.,40, 563fr. au lieu de 562 pour la rente, comme il est facile de s'en assurer. Dans d'autres cas, on pourrait trouver moins qu'il ne faut : par exemple, pour 986 192fr.,70, on trouve 49 247fr., de rente, au lieu de 49 248 fr. (au cours de 60 fr.).

Remarque. II. Si la rente était *au pair*, c'est-à-dire si le 3 0/0 ou le 4 1/2 0/0 était au cours de 100 f,. on saurait immédiatement à quel taux on placerait son argent en achetant de la rente ; ce taux serait en effet 3 ou 4 1/2 (*). Mais la rente est généralement au-dessous du pair. surtout le 3 0/0. Il y a . donc lieu de se demander le taux réel du placement.

283. Problème. *A quel taux place-t-on son argent en achetant du 4 1/2 au cours de 96,50.*

Solution. 96 fr., 50 rapportent 4 fr., 50 ; 1 rapporte $\dfrac{4,50}{96,50}$

et 100 fr. rapportent $\dfrac{4,50 \times 100}{96,50} = 4$ fr., 66

En ne tenant pas compte de la petite différence que produiraient le courtage et le timbre, on arrive à la règle suivante.

(*) En ne tenant compte ni du courtage, ni du timbre.

Règle. *Pour déterminer à quel taux on place son argent en achetant des rentes sur l'État, on divise par le cours le nombre fixe 300 ou 450 selon qu'il s'agit du 3 ou du 4 1/2.*

CAISSES D'ÉPARGNE

284. Les caisses d'épargne sont destinées à recevoir les économies des personnes prévoyantes.

Aucun versement ne peut dépasser 300 fr. ni comprendre de fraction de franc. On ne peut faire qu'un seul versement par semaine. Lorsque, en fin d'année, l'*actif* d'un dépositaire surpasse 1 000 fr., la caisse place d'office et dès le 1er avril cette somme en rentes sur l'État, à moins que, dans l'intervalle des 3 mois, un retrait de fonds n'ait abaissé cet actif au-dessous de 1 000 fr.

Fin décembre les intérêts sont réglés et ajoutés au capital pour produire eux-mêmes intérêt (1), pendant l'année suivante. Le taux peut aller de 3 1/2 à 3 3/4. On calcule les intérêts à partir du dimanche qui suit le versement, jusqu'à celui qui précède le remboursement.

Les demandes de remboursement, pour être obligatoires doivent être faites au moins 8 jours à l'avance.

C'est généralement et autant que possible le dimanche que la caisse d'épargne est ouverte ; mais il n'en est pas toujours ainsi pour les succursales d'une caisse qui a son siége dans une localité plus importante.

Exercices

763. Combien coûteront 850 fr. de rente 3 0/0 au cours de 67,40 ?

764. Combien coûteront 1200 fr. de rente 4 1/2 0/0 au cours de 96,50 ?

765. Combien de rente 3 0/0 aura-t-on pour 5 000 fr., au cours de 59,20 ? Que restera-t-il ?

766. Combien de rente 4 1/2 0/0 aura-t-on pour 16 000 fr. au cours de 98,60 ? Que restera-t-il ?

767. A quel taux place-t-on son argent en achetant du 3 0/0 au cours de 68,60 ?

768. A quel taux place-t-on son argent en achetant du 4 1 2 à 97,30 ?

769. Quel est le plus avantageux, du 3 0/0 à 66,30 et du 4 1/2 à 96,40 ?

____

(1) Toujours sans qu'on tienne compte des centimes.

APPENDICE

RACINE CARRÉE

285. Carré. On appelle carré d'un nombre le produit de ce nombre par lui-même.

Ainsi 4 est le carré 2; 0,25 celui de 0,5; $\frac{9}{16}$ celui de 3/4, puisque

$$4 = 2 \times 2 \;;\; 0,25 = 0,5 \times 0,5;\; \frac{9}{16} = 3/4 \times 3/4.$$

286. Racine carrée. On appelle racine carrée d'un nombre un second nombre dont le carré reproduit le premier.

Nombres	1	2	3	4	5	6	7	8	9	10
Carrés	1	4	9	16	25	36	49	64	81	100

287. Radical. Pour indiquer la racine carrée d'un nombre on le place sous ce signe $\sqrt{}$ appelé radical. Ainsi $\sqrt{36}$ représente la racine carrée de 36.

Exercices

770. Quelle est la racine carrée de 1, de 4, de 9, de 25, de 49, de 64, de 81 ?

771. Quelle est le plus grand carré contenu dans 12, 21, 34, 45, 60, de, 78, et combien reste-t-il?

RACINE CARRÉE DES NOMBRES ENTIERS

288. Règle. *Pour extraire la racine carrée d'un nombre entier, on le partage en tranches de 2 chiffres en allant de droite à gauche. On prend la racine carrée de la 1re tranche à gauche (qui peut n'avoir qu'un chiffre) et on l'écrit à droite du nombre proposé dont on la sépare par un trait vertical. On soustrait de cette tranche le carré de cette racine et à côté du reste on abaisse la tranche suivante. On sépare le 1er chiffre à droite du nombre ainsi obtenu et on divise la partie restant à gauche par le double du chiffre écrit à la racine. Le quotient entier de cette division est le 2e chiffre de la racine ou un chiffre trop fort. Pour essayer ce quotient, on double la racine trouvée et on écrit ce double au-dessous,* *après avoir tiré un trait horizontal. A droite de ce double, on écrit le quotient et on multiplie le résultat par le quotient même. On place le produit sous le nombre formé par le 1er reste et la 2e tranche. Si la soustraction peut se faire, le quotient est bien le 2e chiffre. On l'écrit donc à la droite du 1er. Si la soustraction est impossible, on diminue le quotient d'une ou successivement de plusieurs unités, jusqu'à ce que l'opération soit possible. Ayant obtenu ainsi le 2e chiffre, on abaisse à côté du 2e reste la 3e tranche du nombre. On opère sur le résultat comme on a opéré sur le 1er reste suivi de la 2e tranche, ce qui donne le 3e chiffre de la racine. On continue ainsi jusqu'à ce qu'on ait abaissé et employé toutes les tranches.*

289. Remarque I. Il y a autant de chiffres à la racine qu'il y a de tranches dans le nombre proposé.

290. Remarque II. La crainte d'avoir à faire trop de tâtonnements en essayant le quotient, comme la prescrit la règle, peut conduire à placer à la racine et à essayer un chiffre trop faible : on verra qu'il est trop faible, lorsque le reste dépassera le double de la racine trouvée.

291. Exemple. Extraire la racine carrée du nombre 628 224.

```
68.82.24 | 829
48.2     |  ———
1582.4   |  162
     983 | 1649
```

Je partage ce nombre en tranches de 2 chiffres, puis je dis : le plus grand carré contenu dans 68 est 64 dont la racine est 8. J'écris 8 à la racine : 8 fois 8, 64 et 4, 68, 4. J'abaisse la tranche suivante , je sépare le chiffre 2 par un point, je double la racine, 2 fois 8, 16. En 48 combien de fois 16 ? 2 fois (il n'y est pas 3 parce que 3 fois 163 donne 489 plus grand que 482). J'écris 2 à la droite de 16 et je multiplie 162 par 2, 2 fois 2, 4 et 8, 12, 8, et je retiens 1 ; 2 fois 6, 12 et 1, 13, et 5, 18, 5, et retiens 1 ; 2 fois 1, 2 et 1, 3, et 1, 4, 1. J'abaisse la tranche suivante, je sépare 4 par un point. Je double la racine 82 ce qui donne 164. Je divise 1582 par 164. En 15 combien de fois 1 ? 9 fois. Je place 9 à la suite de 164, et je fais le produit de 1649 par 9, ce produit pouvant se retrancher de 15 824, le chiffre 9 est exact. La racine cherchée est 829, et il reste 983.

292. Remarque. De la règle (n° 101) pour la multiplication des décimales il résulte que le carré d'un nombre décimal doit contenir 2 fois plus de décimales que le nombre lui-même. Le dernier chiffre d'ailleurs ne peut être 0, puisqu'il s'obtient en faisant le carré d'un nombre autre que 0, ce qui ne peut donner que 1, 4, 5, 6 ou 9. Ainsi le carré de 1,253 aura 6 chiffres décimaux; celui de 0,7834 en aura 8, etc. Réciproquement la racine carrée d'un nombre décimal, **si elle est exacte**, aura 2 fois moins de chiffres décimaux que ce nombre.

1°

$\sqrt{1,44}$

```
1.44 | 12
04.4 | 22
   0 |
```
1,2: *rac. exacte*

1° Lorsque le nombre des chiffres décimaux est pair, on extrait la racine comme s'il n'y avait pas de virgule, et on sépare 2 fois moins de décimales qu'il n'y en avait dans le nombre donné. S'il n'y a pas de reste la racine est exacte.

2°

$\sqrt{0,1705}$

```
17.05 | 41
10.5  | 81
   24 |
```
0,41: *racine appro-chée à 0,01 près*

2° S'il y a un reste, la racine n'est qu'approchée à moins d'une des unités de son dernier chiffre.

3°

$\sqrt{3,6}$

```
3.60 | 1,8
26.0 | 28
  36 |
```
1,8: *racine à 0,1 près,*

3° Lorsque le nombre des chiffres décimaux est impair, la racine ne peut s'obtenir qu'approximativement. On écrit un 0 à la droite du nombre, et on opère comme il vient d'être dit.

293. *Extraire la racine carrée de* $\dfrac{121}{144}$. Les racines carrées de 121 et 144 étant 11 et 12, la racine carrée de $\dfrac{121}{144}$ est $\dfrac{11}{12}$

En effet, d'après la règle pour la multiplication des fractions :

$$\frac{11}{12} \times \frac{11}{12} = \frac{121}{144} : \text{donc} \sqrt{\frac{121}{144}} = \frac{11}{12}$$

Extraire la racine carrée de $\dfrac{168}{1628}$. Au lieu d'opérer comme dans l'exemple précédent je réduirai cette fraction en fraction décimale et j'opérerai sur cette dernière.

APPROXIMATION DES RACINES CARRÉES

294 D'après ce qui précède, pour avoir la racine carrée d'un nombre décimal, à une unité décimale près, il suffit de faire en sorte que le nombre proposé contienne 2 fois plus de chiffres décimaux que l'on veut en avoir à la racine, en complétant par des zéros s'il n'y en pas assez, et en supprimant, s'il y a lieu, ceux qui sont en excédant. Pour calculer un certain nombre de chiffres décimaux à la racine d'un entier, on le fait suivre d'un nombre double de zéros, et à la racine on sépare le nombre voulu de décimales.

```
3.00 | 17
20.0 | 23
  11 |
```
$\sqrt{3} = 1,7$ à 0,1 près,

Exercices

Extraire la racine carrée des nombres suivants :

772.	128	773.	1 322	774.	600
	244		9 063		3 004
	5 048		15 632		25 070

775.	18 934	776.	18,25	777.	126,42
	106 340		44,8		376,9
	1 245 678		1,6423		6,4

778.	1 360,54	779.	0,2
	0,4984		0,0345
	0,48		0,00625

$$780. \quad \frac{125}{635} \quad \frac{806}{309}$$

$$781. \quad \frac{144}{1268} \quad \frac{1628}{9655}$$

$$782. \quad \frac{3005}{49005} \quad \frac{50600}{71357}$$

Extraire, à 0,01 près, la racine carrée des nombres suivants :

| 783. | 41 | 784. | 40,2 | 785. | 62,81 | 786. | 0,341 |
| | 635 | | 51,2564 | | 0,28 | | 0,6354836 |

CHIFFRES ROMAINS ET LEUR VALEUR

I	V	X	L	C	D	M
1	5	10	50	100	500	1 000

Lecture des heures

I	II	III	IIII (IV)	V	VI	VII	VIII	IX	X	XI	XII
1	2	3	4	5	6	7	8	9	10	11	12

Lecture de divers nombres romains

XIV	14	XC	90
XV	15	XCIX ou IC	99
XVI	16	CLI	151
XIX	19	CIC	199
XX	20	CC	200
XXI	21	CD	400
XXIX	29	DC	600
XXX	30	DCCLXXXV	785
XXXI	31	CM	900
XXXIX	39	MD	1 500
XL	40	MDCIC	1 699
XLIX	49	MDCCCLXX	1 870
LX	60	MCMV	1 905
LXX	70		

DENSITÉ DES PRINCIPAUX CORPS

LIQUIDES.		Pierre à bâtir.	1,20 à 2,50
Mercure. . .	13,60	Marne. . . .	1,60
Acide sulfurique		Miel.	1,45
(huile de vitriol).	1,84	Sable fin et sec.	1,40
Acide azotique		Chaux éteinte,	
(eau forte).	1,22	pâte ferme.	1,38
Lait.	1,03	Craie. . . .	1,25
Eau de mer. .	1,026	Terre végétale.	1,25
Vin.	0,992	Chêne (cœur à	
Huile d'olive .	0,915	60 ans) . .	1,17
Alcool pur. .	0,79	Corps humain.	1,066
		Cire.	0,963
SOLIDES.		Beurre. . . .	0,942
Platine. . . .	21,15	Hêtre. . . .	0,852
Or.	19,36	Chaux vive sor-	
Plomb. . . .	11,35	tant du four.	0,82
Argent fondu.	10,47	Noyer. . . .	0,685
Cuivre forgé .	8,95	Sapin d'Angleterre.	0,657
Cuivre fondu.	8,85	Chêne. . . .	0,610
Cuivre jaune	8,43	Bois empilé. .	0,35 à 0,60
(laiton). .		Acajou. . . .	0,560
Acier. . . .	7,83	Peuplier blanc.	0,387
Fer.	7,79	Liége. . . .	0,24
Etain. . . .	7,29	Poids de	
Zinc.	7,19	1 litre d'air (1)	1^g,293
Diamant. . .	3,50	1 — d'oxygène.	1^g,429
Marbre français.	2,71	1 — acide car-	
Soufre. . . .	2,07	bonique. .	1^g,977

(1) **A** 0°, et au niveau de la mer.

RENSEIGNEMENTS AGRICOLES

NOMS	Rendement moyen par hectare		Nombre de litres par hectare		Poids de l'hectol.	Prix de l'hectol.	Prix des 100 kg.
	Hectol. de grain	Kilogr. de paille	Semis en ligne	Semis à la volée			
Froment. .	12	3 500	150	210	76^{kg}	18^f	24^f
Seigle . .	22	3 700	145	220	72	12	17
Orge d'hiver	30	2 500	180	250	64	10	16
Avoine . .	40	3 000	200	200	47	7	15
Maïs. . .	45		35		68	12	18
Sarrasin. .	18	2 000		100	58	7	12
Haricot . .	29	2 200	170		77	22	20
Pois gris. .	15	3 500	160	170	79	20	25
Lentilles .	16	1 800	125	150	85	35	41
Fèverolles .	26	2 300	200	200	80	15	19
Gesse . .	18	1 800	190	180	70	16	23
Colza . .	30	4 000	4	8	68	25	37
Navette . .	21		4	10	65	25	38
Œillette. .	15		3	4	61	28	46
	Nombre de coupes	Kg. par hectare			Prix des 00/00 kg.	Prix des %kg de graine	
Trèfle rouge	2	7 500		18^{kg}	15^f	90^f	
Prés irrigués	2	4 500			65		
Luzerne. .	3	8 000		22	20	130	
Sainfoin commun	1	3 500		130	20	30	
	Racines	Feuilles	Semis en lignes	Poids du mc.		1000 kg	
Betteraves .	45 000	8 000	5^{kg}			12^f	
— à sucre	82 000	8 000	7^{kg}	580		16	
Carottes . .	4 300	11 000	4^{kg}	550		20	
Pommes de terre	15 000		30^{hl}	650		30	

PRIX DE DIVERS INSTRUMENTS AGRICOLES

Baratte battant 10 litres . . . . . fr. 30

Force ou portée	100 k	150 k	200 k	250 k	500 k
Bascules, tablier triangulaire, avec poids .	22f50	26f	30f	35f	52f
id. tablier carré, avec poids . .	23,50	28f	32f	36f	54f

Charrue Brabant à roues inégales. . . . 115
— Buttoir à deux versoirs mobiles, de M.
Ganneron 60
Coupe-racines à disque cône, quatre lames, monté
sur bâtis en bois. 70
— Champenois de M. Paul François. . . 12
Crible-paille à cylindre de 1m,86 de longueur
avec trémie et agitateur. 80
Extirpateur-scarificateur de M. Peltier. . 170
Faneuse à simple et à double effet. . . . . 350 à 450
Faucheuse véritable Wood. . . . . . . 650 à 700
Fouloir de vendange de M. Dezaunay. . . 120
Hache-paille coupant 4 longueurs, largeur 0m,24 145
— de M. Ganneron. 100
Herse parallélogrammique, ou herse Valcourt, en
fer plat 35
Machine à broyer les tourteaux, de MM. Ran-
some et Sims 63
Moissonneuse faisant la javelle . . . . . 850 à 1000
Pompe à purin fixe, tout en fonte donnant 3l,5
par coup de piston 100
— à épuisement, à arrosages et à
incendie, avec brouettes et accessoires . . 200
Rateau à cheval . . . . 200 à 300
Rayonneur de Mathieu de Dombasle . . . 54
Rouleau brise-mottes à charge variable . . 260
Rouleau plombeur, dit rouleau brisé et articulé
de M. Legendre, prix par 100 kg. . . . . 40 à 45
Rouleau plombeur à caisse et à charge variable 350
Semoir à brouette, de Mathieu de Dombasle . 60
Tarare avec 5 grilles et manivelle 48
Teilleuse ou broyeuse (chanvre, lin) bâtis fonte,
rendement de 30 à 50 kg. à l'heure . . . 1250
Trieur cylindrique cylindre de 0m,45 de dia-
mètre, diviseurs de 0m,16 de long . . . 115

PRIX-COURANT DE DIVERS MATÉRIAUX DE CONSTRUCTION

Maçonnerie, le *mc*, fournit^{re}, main d'œuvre	11^f	main d'œuvre, 3 fr.
Charpente chêne, — —	100	
— sapin, — —	70	
Plafond plâtre, le *mq* —	2	
— mortier — —	1,50	
Cloisons en		
briques doubles de champ — —	4	35 briques p. *mq*
— — de plat — —	6,50	70 —
— simples — —	2,75	30 —
Enduit en plâtre, — —	1	
— mortier — —	0,50	
Plancher chêne refendu — —	6	main d'œuvre, 2^f
— peuplier — — —	4	— 1^f,80
— sapin — — —	4	— 1^f,80
— peupl^{ier} non-ref. — —	2,50	— 1^f,10
Peinture, 1 couche — —	0,55	
— 2 — —	0,80	
— 3 — —	1,10	
Vitrerie ord^{re} simple — —	4	
— beau — —	4,50	
— verre double— —	8	
Tuiles plates, 65 par *mq*; fourniture, le 1000	40	Fourniture et main d'œuvre, p. *mq*. 4^f
— creuses, 40 — —	40	— 3
Ardoises d'Angers 50 — —	50	— 4,50
— de Fumay 50 — —	35	— 4
Planches de peuplier, les 100 mètres	25	
— chêne —	75	
Plinthes, 12 à 14 *cm*. de haut. le m. linéaire	0,50	
— 20 à 22 — —	1	

TABLE DES MATIÈRES

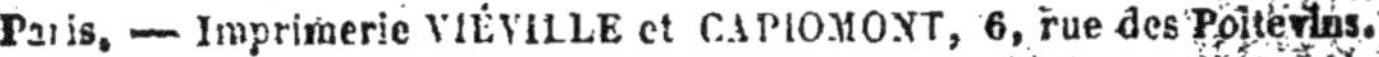

Paris. — Imprimerie VIÉVILLE et CAPIOMONT, 6, rue des Poitevins.